风电不确定性建模理论

Uncertainty Modeling Theory of Wind Power

于达仁 刘金福 万 杰 郭钰锋 胡清华 著

科学出版社

北京

内 容 简 介

　　风电的不确定性——随机性、波动性和间歇性是影响风电安全高效消纳的关键因素。针对上述问题，本书从风的物理本质出发，结合电力系统实时调度与优化控制的需求，对风电不确定性进行研究。主要研究内容如下：①在随机性研究方面：发现风速随机过程满足异方差的非线性随机过程；②在波动性研究方面：发现风速波动过程中存在大尺度波动对小尺度波动的多尺度调制效应以及日照加热对湍动的调制效应；同时引入变差分析对风电的波动速率进行刻画，并对风电波动速率的特性展开研究；③在间歇性研究方面：根据大气边界层湍流间歇性的研究，定义了间歇性刻画指标，实现对风电间歇性的定量刻画；④基于相关分析对风速的可预报性进行分析，发现风速方差、变差及间歇性度量指标具有特定时间尺度的可预报性，扩展了风速的预报参数；⑤在上述不确定性研究的基础上，改进了现有的风速预报模型，并从电能质量评估、电网调频、调度等方面讨论了风电不确定性研究的具体应用。

　　本书可以作为高等院校新能源发电方向本科生、研究生的教材或者教学参考书，也可供相关科研和工程技术人员参考。

图书在版编目(CIP)数据

风电不确定性建模理论＝Uncertainty Modeling Theory of Wind Power/
于达仁等著. —北京:科学出版社,2017
　ISBN 978-7-03-050760-0

　Ⅰ.①风⋯　Ⅱ.①于⋯　Ⅲ.①风力发电-系统建模-研究　Ⅳ.①TM614

中国版本图书馆 CIP 数据核字(2016)第 276312 号

责任编辑:范运年 / 责任校对:张凤琴
责任印制:徐晓晨 / 封面设计:耕者工作室

科 学 出 版 社 出版
北京东黄城根北街 16 号
邮政编码:100717
http://www.sciencep.com

北京教图印刷有限公司 印刷
科学出版社发行　各地新华书店经销
*
2017 年 1 月第 一 版　开本:720×1000　1/16
2018 年 4 月第三次印刷　印张:15 1/4
字数:291 000
定价:98.00 元
(如有印装质量问题,我社负责调换)

序

　　风是一种自然现象。地面各处受太阳辐射不均匀而产生了气压梯度,使得空气从高压处向低压处流动,即形成风。空气流动而产生的动能称为风能。人类利用风能的历史可以追溯到公元前。公元前数世纪风力就被广泛应用于农业生产,用来提水灌溉、磨面舂米。随后出现了以风力为动力的帆船,促进了江河、航海业的发展。到 14 世纪,风车已经成为欧洲不可缺少的原动机。19 世纪,风力开始被用来发电。随后人们逐渐开始研究大规模风力发电。最早商业化的风力发电机出现在 1931 年,位于苏联的克里米亚,容量为 100KW。进入 21 世纪,面对经济迅速增长的能源需求、传统化石能源的日益枯竭以及生态环境的持续恶化,推动以可再生能源利用为核心的能源革命势在必行。而经过近几十年的发展,风电已经成为目前全世界最成熟的可再生能源技术,在全球能源革命中占有重要的战略地位。风电的开发利用迎来前所未有的黄金发展期。

　　正所谓"风云莫测",作为一种自然现象,尤其是一种大气湍流现象,风具有高度的复杂多变性,风的变化不以人的主观意愿而改变。因而不同于传统的可控发电方式,风电出力具有强烈的不确定性,包括随机性、波动性和间歇性。大规模风电并网后影响电力系统的安全和经济运行,风电的安全高效利用已经成为当前我国电力系统所面临的重大现实问题。为实现大规模风电的安全高效利用,必须首先掌握风电的变化规律,因此亟需建立满足电力系统分析与控制需求的风电不确定性模型。

　　哈尔滨工业大学能源、电气学科的研究团队针对大规模新能源电力并网面临的问题与趋势,结合国家重点基础研究发展计划(973 计划)项目课题"新能源电力系统动力学特性与建模理论(No. 2012CB215201)",围绕风电不确定性开展了系统的研究工作。本书从大气运动的机理出发,结合电力系统实时调度与优化控制需求,对风电不确定性进行研究,形成了一套风电不确定性建模方法。同时,基于不确定性研究结果,研究风电接入后电力系统的调度方案与控制策略,实现电力系统实际调节能力与需求调节能力在时间上的最佳匹配,确保风电并网后电力系统的安全稳定运行。

　　2016 年国家已发布"十三五"可再生能源发展规划。与主要推动规模化发展的"十二五"时期相比,有效接纳、传输和利用可再生能源电力,让风光装机切实转变为可利用的电能,实现可再生能源从补充能源向替代能源的转变,是"十三五"期间的重要发展目标。为此国家能源局已经下发了火电运行灵活性改造试点的通知,全面挖掘燃煤机组调峰潜力,提高电力系统消纳新能源的能力。而在火电弹性运行平抑风电波动的过程中,对风电特性及预报的掌握是不可或缺的。本书系统地建立了风电不确定性量化模型,发展了考虑不确定性的风速预报方法,为电力系统运行控制中合理应对风电不确定性提供了模型支持。

　　一书总结了作者最新的研究成果,既有理论深度,也展望了应用前景,体现了学科交叉与融合的特点。该书可供新能源领域科技工作者、以及高等院校相关专业师生使用和参考。希望本书的出版对大规模风电的安全高效利用起到积极作用。

2016 年 7 月

前　　言

　　能源是人类社会进步与经济发展的重要物质基础。自工业革命以来,全世界能源消耗急剧增加,以煤炭、石油、天然气为代表的化石燃料被迅速消耗。化石能源的枯竭将严重制约着人类社会的发展,同时,化石能源燃烧所带来的环境污染问题也日益突出。能源问题和环境问题已经成为人类面临的重大挑战之一。为了缓解上述问题,大规模开发利用清洁可再生的新能源已成为世界各国可持续发展的重要战略决策。风能由于其环境友好、储量丰富的优势被认为是目前最具有开发潜力和竞争优势的新能源。根据全球风能理事会统计,2015 年全球风电新增装机63013MW,同比增长 22%。截止 2015 年年底,全球风电累计装机容量达到432419MW,累计同比增长 17%。其中中国 2015 年风电新增装机 30500MW,占全球新增装机容量的 48.4%;累计装机容量 145104MW,占全球累计装机容量的 33.6%。

　　然而,在中国,随着风电的迅速发展及其在电网中所占比例的日益上升,一些问题也凸显出来,如并网难、装机多而发电少、弃风比例高等。风电的高效消纳已经成为我国大规模发展风电所面对的重大现实问题。造成上述问题的主要原因在于同传统发电方式相比,风电具有强烈的不确定性,包括随机性、波动性及间歇性。当大规模风电并网后,对电网的潮流分布、调度方式、电网稳定、无功补偿和电网调峰调频等带来重大影响。为了有效缓解风电接入带来的问题,迫切需要掌握风电的不确定性。本书从风的物理本质出发,结合电力系统实时调度与优化控制的需求,对风电不确定性进行研究,形成了一套风电不确定性建模方法。同时基于不确定性研究结果,研究风电接入后电力系统的调度方案与控制策略,实现电力系统实际调节能力与需求调节能力在时间上的最佳匹配,确保风电并网后电力系统的稳定安全运行。

　　本书共十章,主要内容安排如下:第 1 章主要介绍目前风电的发展情况、风电预报及风电特性的研究现状以及风速的非平稳随机过程;第 2 章主要介绍风的物理本质及相关的物理背景;第 3 章主要介绍风电方差的建模过程及研究结果,实现对风电功率波动范围的刻画;第 4 章引入变差分析工具,介绍风电变差的建模过程及研究结果,实现对风电功率波动速率的刻画;第 5 章对风电的频谱特性进行研究;第 6 章从湍流间歇性的角度出发,定义了风速间歇性及其定量刻画参数,实现对风电间歇性的定量刻画;第 7 章介绍了风速的日周期特性,包括方差的日周期、变差的日周期、间歇性刻画参量的日周期,并对日周期特性的物理机制和应用进行了探讨;第 8 章引入相关分析的方法,对风速、风速方差、风速变差及间歇性刻画参量的可预报性进行度量,扩展了风速的可预报参数;第 9 章在可预报性分析及不确定研究的基础上,建立相应的预报模型,结合风电场实际数据进行预报;第 10 章基于风电不确定性的研究结果,从电能质量评估、电网调频、调度及一体化平抑的角度出发探讨了风电不确定性研究的应用。

　　本书第 1 章、第 3 章、第 5 章、第 7 章和第 8 章由于达仁教授、刘金福副教授和万杰博士执笔,第 2 章、第 4 章和第 6 章由于达仁教授和任国瑞博士执笔,第 9 章由胡清华教授和万杰博士执笔,第 10 章由郭钰锋副教授和王琦博士执笔。全书由于达仁教授统稿。实验室和团队的胡清华教授、刘金福副教授、郭钰锋副教授、万杰博士、任国瑞博士、王琦博士、赵鑫宇博士和已经毕业的苏鹏宇等,直接参与了本书内容相关的研究工作。正是他们的潜心研究完善了风电不确定性的建模理论。本书的一些内容直接引用了他们的研究成果和相关论文,在此对本书做出贡献的各位老师和同学表示衷心的感谢! 特别感谢刘吉臻院士为本书作序,感谢他对本书研究工作的指导与支持!

　　本书引用了大量的参考文献,在此谨向被引文献的作者致以诚挚的谢意!

　　本书得到了国家重点基础研究发展计划(973 计划)项目"智能电网中大规模新能源电力安全高效利用基础研究"(编号:2012CB21500)的资助,特此致谢!

　　限于作者的知识面和撰写时间,书中难免存在疏漏和不足之处,恳请专家和广大读者批评指正。

作　者

2016 年 6 月于哈尔滨工业大学

目　　录

第1章 概 论

1.1 概 述

　　面对化石能源日益枯竭、环境污染、气候变化等人类共同的难题,大力开发利用风能、太阳能、生物质能等新能源,提升传统能源利用效率、节能减排、发展智能电网,已成为世界各国的基本共识[1]。风能是所有可再生能源中最具规模化开发前景的新能源。图 1-1 和图 1-2 所示为中国风能协会对全世界截至 2015 年 12 月 31 日的风电装机容量统计情况。以德国为例,2015 年德国累计的已并网海上风电总装机容量达到 3294.9MW,较 2014 年增长了 225%。并且,还有 956MW 正处于建设之中[2]。按照现有政策,到 2017 年底,德国最多可为在 2020 年完成吊装的海上风电项目分配 7700MW 的限额,如图 1-3 所示。此外风力发电设备的制造技术也日益成熟,2015 年首次并网的海上风电机组的平均单机容量为 4145kW,平均风轮直径为 119.7m,平均轮毂高度为 88.5m,平均单机容量则提高了 9.5%。据北极星风力发电网报道,世界上十大风机之一是德国 Enercon 风电公司旗下的

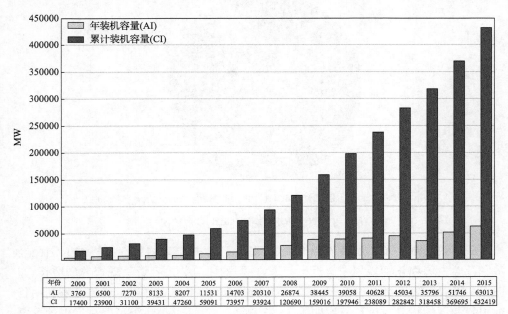

年份	2000	2001	2002	2003	2004	2005	2006	2007	2008	2009	2010	2011	2012	2013	2014	2015
AI	3760	6500	7270	8133	8207	11531	14703	20310	26874	38445	39058	40628	45034	35796	51746	63013
CI	17400	23900	31100	39431	47260	59091	73957	93924	120690	159016	197946	238089	282842	318458	369695	432419

图 1-1　近十五年全世界风电发展概况

E-126 产品,机组塔架高度为 135m,风轮直径为 126m,总高可达 198m,风机总重 6000t,这个巨无霸可产生 7.5MW 的电力。

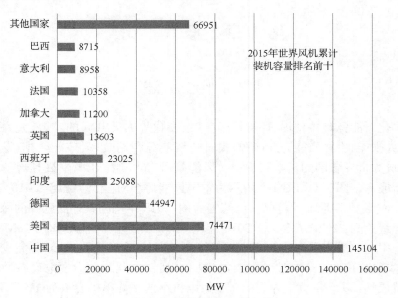

图 1-2　装机容量排名前十国家(2015 年)

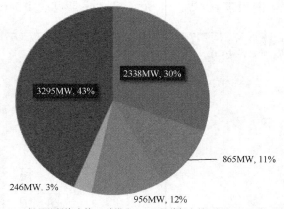

图 1-3　德国 2015 年海上风电发展概况

　　我国政府制定了发展新能源产业的国家战略,并作为约束性指标纳入国民经济和社会发展中长期规划中。近十年来,中国的风电装机容量呈现指数型增长,如图 1-4 所示。2016 年 3 月 3 日,国家能源局发布《关于建立可再生能源开发利用目标引导制度的指导意见》,首次明确了 2020 年各省(区、市)能源消费总量中的可再

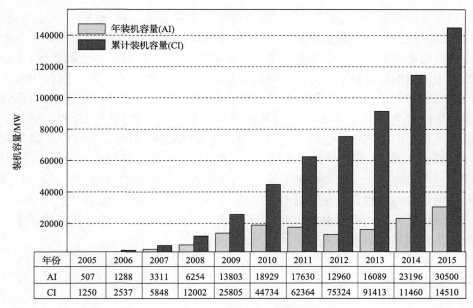

年份	2005	2006	2007	2008	2009	2010	2011	2012	2013	2014	2015
AI	507	1288	3311	6254	13803	18929	17630	12960	16089	23196	30500
CI	1250	2537	5848	12002	25805	44734	62364	75324	91413	11460	14510

图 1-4 中国近十年的风电发展概况

生能源比重目标在 5％到 13％之间,而全社会用电量中的非水电可再生能源电量比重指标为 9％。预计未来风电装机容量年增长率还将会继续增长。《国家电网公司促进新能源发展白皮书(2016)》指出:在"十三五"期间加大新能源项目配套电网投资,加快工程建设,尽最大努力保障 2020 年前年均新增风电 2500 万千瓦、光伏发电 2000 万千瓦装机的并网和送出。根据《白皮书》的数据显示,2015 年,国家电网调度范围风电、太阳能发电新增装机容量发电量分别为 1661 亿千瓦时、377亿千瓦时,国家电网已成全球范围内接入新能源规模最大的电网。泛珠三角区域合作指导意见也相继指出了积极开发风能等新能源的战略:"大力发展新能源和可再生能源,稳妥推进已经列入相关规划的核电项目建设,积极开发风能、太阳能、生物质能、海洋能等新能源,完善区域电源点布局,推广多能互补的分布式能源"。此外,我国电力装备及技术发展迅速,新能源技术实力进一步提升,目前风电等新能源装备出口比重接近 7％,如图 1-5 所示。

规模化新能源电力的安全高效开

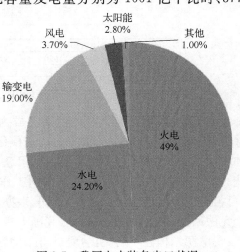

图 1-5 我国电力装备出口状况

发利用是我国全面建设小康社会、实现可持续发展的必然选择,是调整产业结构、加快经济发展方式转变的重大举措,是构建我国科技竞争新优势、掌握新兴产业发展主动权的难得机遇[3]。未来新能源电力必将由补充能源发展为替代能源,并最终成为主流能源。北极星电力网公布数据显示:发展清洁能源已成为全球共识,全球能源互联网未来矩阵可分国内互联、周内互联和洲际互联三个阶段实施,全面解决世界能源安全、环境污染和温室气体排放等问题。国家电网公司分析了构建全球能源互联网以清洁和绿色的方式满足全球电力的需求,预计,到 2050 年清洁能源比重将达到 80%,节能减排效果巨大[4]。然而,随着风电并网规模的扩大,风电不确定性对电力系统与电力市场的稳定性、充裕性及经济性的影响也日益彰显,弃风限电问题日趋严重[5]。在目前电源结构下,弃风比例已逾一成,如图 1-6 所示;随着新能源电力的规模化发展,"弃风"现象将更加凸显。因此,规模化新能源电力的安全高效利用问题亟待解决。

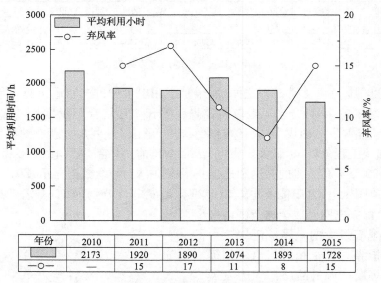

年份	2010	2011	2012	2013	2014	2015
▨	2173	1920	1890	2074	1893	1728
—○—	—	15	17	11	8	15

图 1-6　近年来中国的风电平均利用小时数及弃风率

当前,规模化新能源电力消纳已成为我国电力系统面临的重大现实问题[3]。并且,随着风电渗透率的不断提高,规模化新能源电力消纳面临的问题和矛盾将更加突出。因此,国家能源局相继出台了系列新能源发展指导和支持政策,如《国家能源局关于做好 2016 年度风电消纳工作有关要求的通知》和国家发改委印发的《可再生能源发电全额保障性收购管理办法》等。大规模风电的安全高效利用是一个无法回避的现实问题。目前,我国大规模新能源电力消纳的制约瓶颈有以下两点:①电源结构性矛盾突出,匮乏可平抑新能源电力随机波动特性的电源。②开发成本高,利用率低,缺乏实现全局优化的理论体系[1,3]。

实际上,以风电为代表的新能源电力,其本质特征是空间尺度的分散性与时间尺度的随机波动不确定性。并且,风能等新能源电源的随机不确定性随季节、气候、局部气象、地理条件等因素的变化而不同。因此,研究风电不确定性等新能源电源的内在特性,发展与之相适应的建模理论与方法,对新能源电力系统的安全经济运行具有非常重要的意义。

1.2　大规模风电并网的关键基础问题

风能等新能源电源的强随机不确定性通过电网与电力系统相互作用,使系统运行条件和运行特性更加复杂。因此,新能源电力系统的安全高效运行相关的基础研究成为热点。下面从文献计量学的角度分析风电相关的研究现状。

在 Web of Science 平台上,以"wind power"为主题检索相关文献,截止到 2016 年 3 月能够检索到文献 23 万多篇。在此基础上,限定标题中含有"integration"后进一步精炼后得到 4500 多篇文献,引文报告如图 1-7 所示。若是以标题搜索"wind speed" or "wind power" & "prediction" or "forecasting"可以得到 120 万多篇文献,利用"wind farm"进一步精简可以得到 20 多万篇文献,由于文献过多无法创建引文报告。若是以标题搜索"wind speed" or "wind power" & "uncertainty characteristic"可以得到 14 万多篇文献,利用"wind farm"进一步精简可以得到 3800 多篇文献,引文报告如图 1-8 所示。在一定程度上可以看出:全世界相关研究在 2005 年之后发展较为迅速,2012 年后有大幅提高。

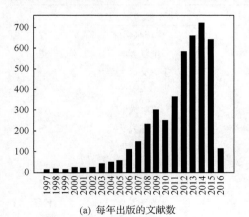

(a) 每年出版的文献数

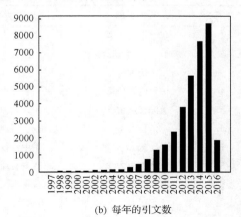

(b) 每年的引文数

图 1-7　以"wind speed or power"和"uncertainty characteristic"为主题的引文报告

在"中文学术资源发现平台"上,以主题"风电"检索相关文献,截止到 2016 年 3 月,能够检索到 8 万多篇文献,包括期刊、学位论文、会议论文、专利、标准、报纸和科技成果。在此基础上,限定标题中含有"并网"后进一步精炼后得到 1 万多篇

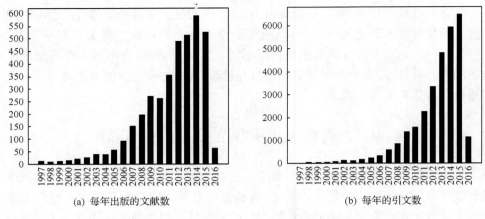

(a) 每年出版的文献数　　　　　　　　　　　(b) 每年的引文数

图 1-8　以"wind speed or power"和"forecast"为主题的引文报告

文献。若是以标题搜索"风速"or"风功率"and"预报"or"预测"可以得到 130 多万篇文献;而即便是限定标题中含有"风电场"后,进一步精炼后得到文献也高达 12 多万篇。而以标题搜索"风电场"and"风速"or"风功率"and"特性"只可以得到 1000 多篇文献。图 1-9 所示为三种不同检索主题下的学术发展趋势分析图,三种检索主题下得到的文献研究单位及其相关性如表 1-1 所示。进一步地,对研究热点"预报"和特性的文献进行分析,还可以得到基金项目的支持情况,如图 1-10 所示。

表 1-1　三种检索主题下得到文献的相关研究单位

序号	风电 并网	风速 风功率 预报	风速 风功率 特性	相关性
1	华北电力大学	华北电力大学	中国科学院	强
2	中国电力科学研究院	山东大学	浙江大学	强
3	重庆大学	重庆大学	上海交通大学	强
4	国家电网公司	新疆大学	中南大学	强
5	上海交通大学	东北电力大学	吉林大学	强
6	清华大学	中国电力科学研究院	天津大学	较强
7	新疆大学	华中科技大学	华中科技大学	较强
8	东北电力大学	西安交通大学	哈尔滨工业大学	较强
9	西安交通大学	东南大学	北京大学	较强
10	沈阳工业大学	哈尔滨工业大学	清华大学	较强
11	华中科技大学	武汉大学	武汉大学	弱
12	天津大学	沈阳工业大学	中山大学	弱
13	东南大学	清华大学	西安交通大学	弱
14	中国科学院	河海大学	山东大学	弱
15	浙江大学	华南理工大学	东南大学	弱

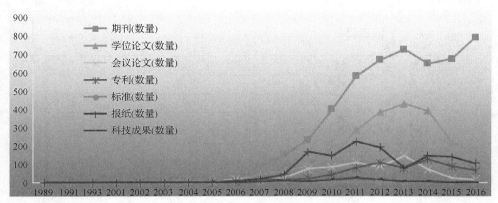

(a) 主题 "风电" and "并网"

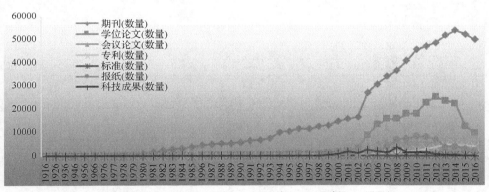

(b) 主题 "风电场" and "风速" or "风功率" and "预报" or "预测"

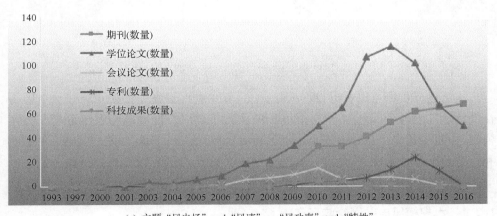

(c) 主题 "风电场" and "风速" or "风功率" and "特性"

图 1-9　学术发展趋势曲线

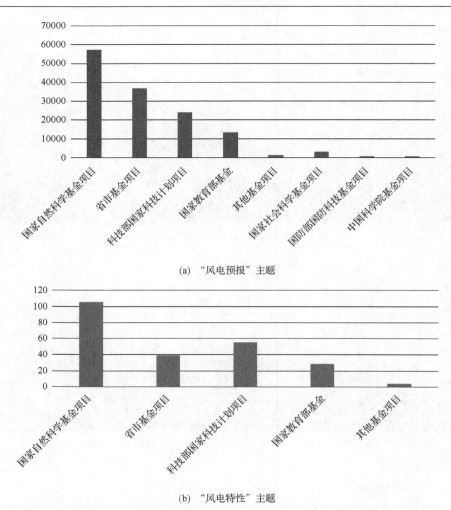

(a)　"风电预报"主题

(b)　"风电特性"主题

图 1-10　风电预报和特性相关的基金项目支持情况

　　从上述分析中可以看出:目前国内外的研究重点都集中在揭示新能源电源内在特性及其与电力系统相互作用的机理,致力于建立新能源电力系统分析与控制模型,为新能源电力系统的安全经济运行奠定理论基础。其中,风电对电网的影响和风电预报都是研究的热点问题,而风电内在特性的研究则较少。下面分别对风电接入对电网的影响、风电预报和风电特性的相关研究进行详细阐述。

1.2.1　大规模风电并网影响研究

　　由于风电功率具有随机波动的特点,其大规模接入将对电网的稳定性、电能质量、计划制定和调度等各层次产生比较深刻的影响[6,7]。高渗透率下的风功率波动可能对电网调频造成不良影响:①由于风的随机波动性,导致风电成为系统频率发生偏移的扰动源;②同常规发电机组相比,风力发电机的惯性响应能力较弱,且由于其控制系统的作用,当电网频率发生改变时,风力发电机无法参与到调频过程中[8-13]。

1. 风电功率波动对系统频率稳定的影响研究

风电功率的波动会影响系统的有功平衡,进而造成系统频率偏离额定频率,系统频率波动的大小主要与风电功率波动的幅值、发电机组的惯性时间常数以及负荷的自调节能力有关。文献[14]基于实测数据,建立了风电功率波动模型,在此基础上研究常规火电机组对风功率波动的响应能力,以频率是否越线为衡量指标确定了系统可承受的最大风电功率波动量。文献[15]探讨了高风电渗透率对电网调频的影响,对风电渗透率,风电功率波动和系统频率调节速率之间的关系进行了定性分析。研究表明,系统频率调节速率不是限制大规模风电接入的主要因素。文献[16]基于海南实际电网,研究了风电机组低电压穿越能力以及风机运行在不同频率保护值时对系统频率稳定的影响,经过仿真分析,得到了确保电力系统频率稳定时的风电场运行能力要求。文献[17]建立了含不同比例风电的系统功率波动概率模型,以此为基础,给出了各调频指标随置信区间变化的概率表达式,为定量分析风电对系统调频的影响提供了依据。

文献[18]在时间尺度上将风功率波动分为秒级、分钟级以及小时级波动,分别研究了不同时间尺度风功率波动对系统频率的影响。其中,秒级波动影响系统一次调频,分钟级波动影响系统二次调频,小时级波动影响系统的机组组合。文献[19]在仿真软件中建立了一个测试电力系统模型:风电功率波动用随时间而变化的正弦信号表示并且作为动态电力系统模型的输入信号。研究结果表明,当风功率波动的最大值不超过系统常规机组容量的 5% 时,系统的频率波动能维持在可接受的稳定范围内。文献[20]在文献[19]的基础上,以系统频率偏差不能超过额定频率的 1% 作为约束条件,给出了估计风电渗透率的方法。由于风速的波动主要是高频成分,当风电入网比例达到 27.6% 时,系统的频率波动也不会超过额定频率的 1%。文献[21]将实际测量风功率分解成快速波动分量、缓慢滑动平均分量和陡坡分量,并分析了各个分量对电力系统运行的影响。得出的结论为:风功率波动中的高频分量会被系统自身的惯性所过滤,低频分量可以通过自动发电控制(automatic generation control,AGC)的调节作用进行平抑。文献[22]研究了一种时频转换的频率波动估计方法:首先,将风功率波动的时间序列通过傅里叶变换转化为频域信号,基于随机过程的相关理论得到风功率波动的功率谱密度(power spectral density,PSD);随后,采用扫频的方法求得电力系统对功率波动的频率响应特性,系统频率波动的功率谱密度也可相应求得;最后通过傅里叶反变换得到系统频率波动的时间序列。文献[23]基于随机过程的相关理论,定义了计及风电功率波动的电网调频能力(frequency regulation ability,FRA)并给出了其量化计算方法。结合两区域系统模型,计算了系统在不同机组运行条件下的调频能力,给出了各因素对 FRA 的量化影响程度。

2. 应对风电功率波动的调频策略研究现状

风电机组可提供的频率调节能力取决于当前的风速。文献[24]提出了一种基于当前风速的变下垂控制方法,提高了含风电系统的一次调频响应能力。文献[25]根据 AGC 主要负责平衡分钟级功率波动的性质,将风电接入前后的系统净负荷按不同时间尺度的变化量进行统计分析,确定系统在不同标准差范围内所需的 AGC 调节容量和调节速率;文献[26]提出了在高风电渗透率下的基于平坦度的 AGC 控制策略。该控制方法将 n 机系统解耦成 n 个规范的线性控制系统,因此,分散形式的 AGC 控制策略的制定及实施要比常规 AGC 简单。该控制策略在减小频率偏差方面有显著的效果。而由于风电的间歇性和波动性,系统净负荷的波动速度及幅度随着风电渗透率的增大而持续增大,很难估计其预测误差对 AGC 的影响。文献[27]提出了一种考虑 AGC 调节能力限制的有功控制方法。基于此方法,系统未来一段时间内的净负荷波动可以通过最新的风功率及负荷预测结果进行估计,风电场的功率参考输出可由波动与 AGC 调节能力限制综合给出,从而减小风电波动对 AGC 的影响。

文献[28]以 4 机 2 区域系统为例,分析验证了 AGC 在风电渗透率较大系统中的频率调节能力,通过时域仿真分析了风电渗透率对系统频率的影响。以系统频率是否越线进行限制,确定系统能消纳的最大风电渗透率。文献[29]提出了一种适用于负荷高峰时段的常规发电机组和 AGC 机组的协调运行控制策略。其中,按区域控制误差自动调节型 AGC 机组根据负荷与风电功率预报对下一个控制周期的基点功率值进行整定,使其具有合理的调节能力;非 AGC 机组一般按调度给定的出力指令运行;按期望运行点调整型 AGC 机组则在每个控制周期内时刻准备为按区域控制误差自动调节型 AGC 机组提供可调节能力。

1.2.2 风电预报研究

在进行风电预报时,首先需要对风功率的影响因素进行分析。文献[30]对目前风电预报的研究文献进行总结,得到了 56 个对风功率产生影响的因素,如表 1-2 所示。

表 1-2 　 风功率影响因素统计表[30]

序号	类别	输入变量
1	大气特征参数	(1)压力(2)温度(3)云量(4)降雨量(5)云的形式(6)云覆盖面积(7)大气分层(8)扰动(9)辐射(10)湿度(11)密度
2	地形特征参数	(12)风机位置(13)风机尺寸(14)轮毂高度(15)塔高(16)维度等级(17)海拔
3	风功率参数	(18)风功率(19)风速(20)风向(21)历史风速(22)历史风功率(23)辐射传递(24)风向的 sin 和 cos 值(25)空气密度(26)当地风速简况(27)总风力发电(28)风功率密度
4	行为指数	(29)水文循环(30)云辐射作用(31)空间行为(32)时间行为(33)空间分辨率(34)压力趋势
5	其他指数	(35)海陆相互作用(36)状态转换(37)发电机动力特性(38)动量交换(39)平行于风机的载荷分布(40)雷(41)风暴(42)风险指数(43)极端电力系统事件(44)阵风风速
6	地理条件	(45)表面粗糙度(46)地形(47)障碍(48)地理高度(49)平均海平面压力(50)空气温度(51)土壤湿度(52)大气覆盖(53)雪覆盖(54)地面水分湿度(55)复杂地形(56)地形粗糙度

在确定了风功率的影响因素后,收集风电场相应的影响因素的数据。这些收集到的数据往往需要经过进一步的预处理才能被用于风电预报。常规的数据预处理包括数据维度的处理、数据的分类以及数据的清除等。文献[31,32]采用卡尔曼滤波的方法对数据进行预处理,从而削弱数据的异常值、模式及复杂程度在学习过程中产生的过训练现象。文献[33-38]利用小波分解将原始的风速数据分解为一系列子序列,通过该方法减少了数据的输入量,而且具有更好的预报效果。文献[39]采用经验模式分解将原始风速分解为高频信号和低频序号。

还有一些学者采用无监督神经网络学习算法对输入数据进行分类。文献[40-42]采用自组织映射神经网络对气象数据和历史数据的模式进行分类。极端的电力系统事件会导致较大的风功率波动,造成较大的预测误差,因此文献[43]利用自组织映射神经网络对物理条件(气象数据和历史数据的模式)进行初步分类,并在最终预测的时候,利用修正的自适应性共振理论对不同的环境条件进行分类。文献[44]用贝叶斯聚类动态方法(Bayesian clustering by dynamics,BCD)在无监督状态下对具有相似动力特性的训练数据模式进行分类。

风是驱动风机发电的主要动力来源,是一种自然随机的过程。风速序列具有强波动性、非线性、非平稳性等特点,因此风电预报是一项繁琐复杂的工作。在进行风电预报的过程中,预报模型输入变量的选择非常重要。根据模型的输入数据通常将风电预报方法分为物理预报方法、统计预报方法以及混合预报方法[45],如图 1-11 所示。

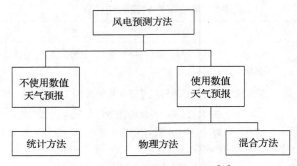

图 1-11　风电预测方法分类[45]

1. 物理预报方法

物理预报方法是建立在数值天气预报的基础上。模型的输入为大气数据,如大气压、温度、湿度等,模型的实质为一组可以反映大气变化的热力学及流体力学的物理方程组,通过计算机的求解来得到未来的风速预报。在此基础上,通过风功率曲线将风速预报的结果转化为风功率预报。常见的物理预报模型有英国气象局中尺度(Meteorological Office mesoscale,MESO)模型[46]、丹麦高精度有限区域模型(High Resolution Limited Area Model,HIRLAM)模型[47]、区域大气模拟系统(Regional Atmospheric Modeling System,RAMS)模型[48]、天气预报研究(Weather Research and Forecasting Model,WRF)模型[49]等。目前,世界上典型的物理预报模型总结如表 1-3 所示:

表 1-3　世界典型风速物理预报模型[45]

机构	模型名称	分辨率/km	网格
欧洲中期天气预报中心(European Center for Medium Range Weather Forecast)	IFS	25	Spectral
英国气象局(Meteorological Office,UK)	UM	40	Gaussian grid
加拿大气象局(Meterological Service of Canada)	GEM	30	Gaussian grid
美国国家环境预测中心(National Center for Environmental Prediction,USA)	GFS	50	Spectral
法国国家气象局(Meteo France)	ARPEGE	15	Spectral
德国国家气象局(Deutscher Wetterdienst,Germany)	GME	40	Icosaeder
澳大利亚气象局(Bureau of Meteorology,Australia)	GASP	80	Spectral

2. 统计预报方法

统计预报方法是基于长期历史观测数据来实现风电预报。该方法不需要具体的数学表达式,而是利用统计的方法从历史风电数据中挖掘其中隐藏的变化规律,实现对未来时刻风电的预报,因此统计预报模型也被称为黑盒子或数据驱动的模型。早期的统计预报模型有时间序列分析模型[50]、自回归滑动平均模型[51,52]、灰色模型[53,54]等方法。随着人工智能技术的发展,大量机器学习算法被引入到风电预报中。文献[30]指出目前被用来做风电预报最多的机器学习算法是前馈神经网络(feed forward neural network,FFNN)、递归神经网络(recurrent neural network,RNN)、径向基函数神经网络(radial basis function neural network,RBFNN)以及支持向量机(support vector machine,SVM)。

1) 前馈神经网络

文献[55]采用反向传播和级联相关算法来训练多层感知器网络,基于历史数据来预测每日、每周和每月的风速。文献[56]采用反向传播神经网络用于风速、负荷的预测。文献[57]将自回归积分滑动平均模型与人工神经网络模型结合,预报结果的最大平均误差为 0.49%。文献[58]将原始风速时间序列使用经验模式分解(empirical mode decomposition,EMD)技术分解成一系的时间序列,然后使用FFNN 进行预报。文献[59]建立了 6 层的自适应神经模糊推理模型进行风功率单步预报,预报结果的误差小于 4%。

前馈神经网络的参数一般由梯度搜索算法来确定。但是该方法容易陷入局部最小值且对初始值的选择比较敏感,因此大量的优化算法应用而生,如遗传算法(genetic algorithms,GA)、粒子群优化(particle swarm optimisation,PSO)算法以及增强的 PSO 算法(enhanced particle swarm optimisation,EPSO)[60-63]。

2) 递归神经网络

递归神经网络不同于其他模型,因为在模型中存在至少一个反馈环。文献[64]设计了三种不同的局部递归神经网络模型(无限冲激响应多层感知器,局部激活反馈多层网络和对角递归神经网络),并采用两个最佳的在线学习算法,全局递归预测误差和解耦递推预测误差算法来更新权值,进行提前 72h 风速和风功率预报。文献[65]设计了基于单变量和多变量的自回归积分滑动平均模型和 RNN 混合模型,对不同高度的风速进行预报。

3) 径向基函数神经网络

文献[42]首先采用自组织映射神经网络(self organization map,SOM)对气象数据的模式进行分类,然后采用 RBFNN 模型进行预报。文献[43]进行了极端事件下的风电预测,分别采用在线和离线的方法。离线预测采用 PSO 优化,在线预测采用自适应学习算法优化,基于最小资源分配网络的遗传算法被用于改进径向基函数神经网络的参数。文献[40]采用径向基映射神经网络进行风功率功率预测。文献[66]比较了前馈神经网络、RBFNN 和自适应线性网络在不同的学习率下的风速预测的性能,其中 RBFNN 平均绝对百分比误差(mean absolute percentage error，MAPE）达到 0.189%。

　　4）支持向量机

　　支持向量机是一种线性学习算法，其思想是将低维输入空间的非线性输入输出映射到高维空间（特征）空间，通过回归分析提高学习的置信区间[67,68]。文献[67]比较了 SVM 和多层感知器（multi layer perceptron，MLP）分别利用 12 年的历史风速数据预测每日平均风速的性能。其中 SVM 使用二次规划优化使均方误差达到 0.0078%。文献[69]基于二次优化的支持向量机利用气象变量如温度、压力、风向、湿度和风速等来预测风速。文献[44]结合贝叶斯聚类以及支持向量回归（support vector regression，SVR），即贝叶斯分类器在无监督的方式中对输入风电数据进行聚类分析，然后预处理后的数据送入 SVR 中进行监督训练。文献[70]考虑不同的误差率模型预测风电功率，得出贝叶斯方法的一般损失函数，同时提出了基于增广拉格朗日乘子（augmented lagrange multiplier，ALM）的 v-support 支持向量回归模型。

　　目前，常用的统计预报方法、相应的学习算法，输入的变量以数据的预处理方法总结如表 1-4 所示，而相应模型预报性能总结如表 1-5 所示。

表 1-4　常用统计预报方法统计

文献	网络模型	学习算法	输入变量	预处理方法
[65]	RNN	BP	19, 15	ACF, ARIMA
[61]	RLNN	DEA	18, 19, 20	MI
[71]	MLP	BP	19	SEA, K-S Test, PDF
[72]	AWNN	BP	18, 19	WT, ACF
[40]	RBF	OLS, PSO	18, 19, 20, 55	SOM, PDF [1, −1]
[43]	RBF	OLS, PSO, GA-mMRAN	18, 19, 20, 55	WT, p-ARTMAP [1, −1]
[41]	RBF	MRAN, GGAP	18, 19, 20, 55	SOM [1, −1], Interval
[33]	ANFIS, FMLP	PSO, BP, LSE	18, 46, 45, 1, 2, 47	WT
[63]	MLP	EPSO, LM	18, 19, 2, 10	ACF, MI
[42]	RBF	OLS	18, 19, 20, 48, 12	SOM, Fuzzy [1, −1]
[73]	MLP	LM	18, 19, 14, 2	CC, SD (−1, 1)
[44]	SVR	RBF & Polynomial Kernel	20, 17, 1, 2, 10, 44	9 BCD Clusters, ACF
[60]	Fuzzy	GA for fuzzy Training	20, 14, 56	ACF, PACF
[64]	MLP	DPRE, RPRE	18, 19, 20, 1, 2	ACF, IIR (−0.9, 0.9)
[64]	MLN	DPRE, RPRE	18, 19, 20, 1, 2	LAF, ACF (−0.9, 0.9)
[64]	RNN	DPRE, RPRE	18, 19, 20, 1, 2	ACF, CC (−0.9, 0.9)
[59]	MLP (ANFIS)	LSE, GDM	18, 19, 20	

文献	网络模型	学习算法	输入变量	预处理方法
[34]	MLP	BP	18, 19	WT, ITSM
[66]	MLP, RBF, ADALINE	BP, LM	19, 48	ACF, PACF, point forcst
[74]	MLP	LM	1,2, 48, 19,20	MM5
[31]	MLP	LM	18, 19, 20, 1, 2, 10, 14	Kalman Filter, CCs
[39]	GM(1,1)	LLEP	18	ACF, PACF, EMD
[36]	MLP	LM	18	WT
[32]	MLP	LM		Kalman Filter
[67]	SVM	GP, LRM	19	(0, 1)
[75]	MLP	LM	1,2, 19, 20, 48	MM5, Navier-Stokes Eqn.
[62]	MLP	BP	19	SD, A. V. , Slop
[76]	MLP	BP	19	ACF, PACF
[77]	MLP	BP	19	ACF, PACF
[78]	SVR	QP, LRM	19	UKF
[70]	v-SVR	ALRM	19	PDF
[79]	SVR	EP, PSO	1,2, 19, 20, 48	MM5, Navier-Stokes Eqn.
[37]	SVR	GA	2, 19	WT, ACF, PACF
[69]	SVM	QP	1, 2, 10, 19, 20, 44	Linear Classification, (1,−1)

其中,表中缩写的中英文全称如下。

RNN:Recurrent Neural Network,递归神经网络;

BP:Back Propagation,反向传播算法;

ACF:Autocorrelation Function,自相关函数;

ARIMA:Auto Regressive Integrated Moving Average Model,自回归积分滑动平均模型;

RLNN:Ridgetlet Neural Network,增强学习神经网络;

DEA:Differential Evolution Algorithms,微分进化算法;

MI:Mutual Information,互信息;

MLP:Multi Layer Perceptron,多层感知器;

SEA:Seasonal Exponential Adjustment,季节性指数调整;

K-S Test:Kolmogorov-Smirnov test,柯尔莫诺夫-斯米尔诺夫检验;

AWNN:Adaptive Wavelet Neural Networks,自适应小波神经网络;

WT：Wavelet Transform，小波变换；

RBF：Radial Basis Function，径向基函数；

OLS：Orthogonal Least Square Algorithm，正交最小二乘算法；

PSO：Particle Swarm Optimisation，粒子群优化；

SOM：Self Organising Map，自组织映射；

GA：Genetic Algorithms，遗传算法；

p-ARTMAP：Modified Adaptive Resonance Theory，改进的自适应共振理论；

MRAN：Minimal Resource Allocation Network，最少的资源分配网络；

GGAP：Generalized Growing and Pruning，广义生长和修剪；

ANFIS：Adaptive Neuro Fuzzy Inference System，自适应神经模糊推理系统；

LSE：Least Square Estimation，最小二乘估计；

EPSO：Enhanced Particle Swarm Optimisation，增强粒子群优化；

LM ：Levenberg Marquardt algorithm，LM 算法；

CC：Correlation Coefficient，相关系数；

SD：Seasonal Day，季节性时期；

SVR：Support Vector Regression，支持向量回归；

BCD：Bayesian clustering by Dynamics，动态贝叶斯聚类；

PACF：Partial Autocorrelation Function，偏自相关函数；

DRPE：Decoupled Recursive Prediction Error，解耦递归预测误差；

IIR：Infinite Impulse Response，无限脉冲响应；

LAF：Local Activation Feedback，本地激活反馈；

RNN：Recurrent Neural Network，递归神经网络；

ANFIS：Adaptive Networkbased Fuzzy Inference System，自适应模糊推理系统；

GDM：Gradient Discent Method，梯度下降方法；

ITSM：Improved Time Series Model，改进的时间序列模型；

MM5：Mesoscale Mode，中尺度模式；

GM(1,1)：Grey Model，灰色模型；

LLEP：Largest Lyapunov Exponent Prediction，最大李雅普诺夫指数预测；

EMD：Empirical Mode Decomposition，经验模态分解；

SVM：Support Vector Machine，支持向量机；

LRM：Lagrange Multiplier，拉格朗日乘子；

QP：Quadratic Programming，二次规划；

UKF：Unscented Kalman filter，无损卡尔曼滤波；

ALRM：Augmented Lagrange Multiplier，增广拉格朗日乘子；

EP：Evolutionary Programming algorithm，进化规划算法。

表 1-5 常用统计预报方法的预报性能

文献	输入	时间尺度	预报精度	输出
[65]	19	15 min. , 30 samples	MAPE (11.5~19.8), MAE (5.86~8.23)m/s	TS
[61]	18, 27	24 HA	MMAPE (14.69~15.27)	TS
[71]	19	24 hrs.	MAPE (21.13~23.03)	TS
[72]	18	30 hrs. , 10 min.	MAE (7.08), RMSE (10.221)	TS
[40]	18	1 HA	52% better then persistence	NWP
[43]	18	40hrs, 6hrs updation	40% better then persistence	NWP
[41]	18, 43	6 Hrs	NRMSE (9.77~19.44)	NWP
[33]	18	15 min.	MAPE (6.58), NMAE (1.65), MAPE (3.07~6.47)	TS
[63]	18	24~48 hrs	RMSE 3.89 MWh, NMAE 1.59	NWP+TS
[42]	18	6 hrs	NMAE (5%~14%)	NWP+TS
[73]	18	10 min	PFE (4.15~5.609)	NWP
[44]	18, 27	10 min , 1 hr	Improved RMSE as compare to Persistance (36.31%~38.98%)	NWP+TS
[60]	18, 19	30 min to 2 hrs	PE Improved compare to persistence 28.4%	
[64]	18, 19	24 hrs pair upto 72 hrs	Speed MAE (1.97~2.339), Power MAE (1.2~1.48)	NWP
[64]	18, 19	25 hrs pair upto 72 hrs	Speed MAE (1.99~2.21), Power MAE (1.32~1.43)	NWP
[64]	18	26 hrs pair upto 72 hrs	Speed MAE (2.04~2.32), Power MAE (1.34~1.477)	NWP
[59]	18	2.5 min	MAE less than 4%	
[34]	18		Speed MAPE (3.16~6.80) MAE(0.58~1.1 m/s)； Power MAPE 1.42~2.88 MAE (70.72~155.21 KW)	TS
[66]	19	1 HA	MLP MAPE(0.189) RMSE (1.469) RBF MAPE(0.189) RMSE(1.44)) ADALINE MAPE(0.194) RMSE(1.485)	TS

文献	输入	时间尺度	预报精度	输出
[74]	19	(24X24=48) hrs.	MAE (1.45~2.2) m/s	NWP
[31]	18	15 min.	NRMSE 16.47	NWP
[39]	18	10 min	NRMSE (7.80), MAPE (18.33)	TS
[36]	18	15 min.	MAPE 6.97	TS
[32]	18	30 min time span	RMSE 14%~19.7%	NWP
[67]	19		MSE 0.0078%	TS
[75]	19	48 Hrs.	MAE (1.1051~1.6346)	NWP
[62]	19	30 min.	RMSE (2.3227~4.96)	TS
[76]	19	24 hrs	MAE(0.0399~0.449)	TS
[77]	19	48 Hrs.	MAE(0.068~1.76)	TS
[78]	19	10 min.	MAPE (2.07)	TS
[70]	19	10 min.	MAPE (12.53)	TS
[79]	19	48 hrs	MAE (1.78~1.79)	NWP
[37]	19	30 min.	MAPE (14.79), MAE (0.6169 m/s)	TS
[69]	19		Error (2.94~6.49)	NWP

其中,表中的缩写代表如下。

MAPE:Mean Absolute Percentage Error,平均绝对误差百分比;

MAE:Mean Absolute Error ,平均绝对误差;

TS:Time Series,时间序列;

HA:Hour Ahead,小时内尺度;

MMAPE:Modified Mean Absolute Percentage Error,修正的平均绝对百分误差;

RMSE:Root-Mean-Square Error,均方根误差;

NWP:Numeric Weather Prediction,数值天气预报;

NRMSE:Normalised Root Mean Square Error,标准均方根误差;

NMAE:Normalised Mean Absolute Error,标准平均绝对误差;

PFE:Percentage Forecast Error,预测误差百分比;

PE:Persistance Error,持续误差;

MSE:Mean Square Error,均方误差。

3. 混合预报方法

混合预报方法是将物理预报方法与统计预报方法进行结合,综合两种预报方法的优点,达到减小预报误差的目的。文献[80]将 NWP 的数据引入统计预报模型中,结果表明可以明显提高长周期的预报效果,而且 NWP 数据中的温度压力等气象数据对预报的效果有影响。文献[81]将 NWP 和卡尔曼滤波进行组合,对物理预报模型的预报结果动态修正,减小物理预报模型的系统误差。文献[82,83]将物理预报模型的风速数据折算到风机轮毂高度,并将气象数据一起输入神经网络进行训练。文献[84]将径向基神经网络与物理预报模型的结果进行结合,对风功率进行预报。文献[85]基于数值天气预报信息建立了一个聚类模型,天气模式相同的情形训练一个神经网络模型,通过数值天气预报数据和风场实测数据测试,证明了该方法的有效性。

4. 基于深度学习的方法

近几年,深度学习作为机器学习领域的新兴技术,给人工智能及相关领域带来了生机与活力。实践表明:深度学习是一种高效的特征提取方法,它能够提取数据中更加抽象的特征,实现对数据更本质的刻画,同时深层模型具有更强的建模和推广能力,在语音识别、图像识别、自然语言处理和广告搜索等方面取得了良好效果。基于深度学习的预报方法也属于统计预报方法,但是由于深度学习是目前人工智能研究的最前沿课题之一,得到了全世界的瞩目,所以在此单独列出。文献[86]系统综述了深度学习的背景依据及典型模型,讨论了几种具有代表性的快速学习算法,并指出了未几个来值得深入研究的方向,然而,在深度学习领域的回归问题探讨较少。文献[45]将深度学习算法引入风速预报领域,并基于受限的玻尔兹曼机(restricted boltzmann machine,RBM)进行了初步回归预报尝试,实际风场数据的日前预报实验测取得了较好的效果,此外,还针对实际工程应用,进行了不同隐含层数目的测试实验,得到了最优模型结构。文献[87]基于玻尔兹曼机建立了一个深信度网络模型,进行了小时前和日前预报测试实验,结果比其他算法的预报误差提高了 10%。文献[88]提出了基于深度神经网络迁移模型的短期风速预报方法,基于降噪自动编码机构建深度神经网,将迁移学习引入到风速预测领域,通过将其他数据丰富的风电场知识迁移到目标风电场,有效地解决了新建风电场数据量少的问题,大大提高目标风电场风速的预测精度。

5. 国内外典型风电预报系统

在风电预报方法研究的基础上,国内外开发了一系列实际应用的风电预报系统,如表 1-6 和表 1-7 所示。

表 1-6　国外典型风电预报系统

系统名称	开发者	预测方法	应用国家
Prediktor	丹麦国家可再生能源实验室	物理方法	丹麦
WPPT	丹麦科技大学	混合方法	丹麦、加拿大、荷兰等
Previento	奥登堡大学	混合方法	德国
WPMS	德国太阳能研究所	混合方法	德国
eWind	Truewind 公司	混合方法	美国
Sipreolico	西班牙	统计方法	西班牙
WEPROG	科克大学	统计方法	爱尔兰、丹麦、德国
Scirocco	荷兰	混合方法	荷兰、德国、西班牙
Lanberg	丹麦	物理方法	丹麦
AWPPS	法国	统计方法	爱尔兰、克里特岛
SOWIE	德国	物理方法	德国、奥地利、瑞典

表 1-7　国内典型风电预报系统[89]

系统名称	开发单位	采用方法	运行时间
WPPS	湖北省气象服务中心	混合方法	2011
WINPOP	中国气象局公共服务中心	混合方法	2011
WPFS	中国电科院、东润环能	混合方法	2010
NSF3100	中国电力科学院南京分院	混合方法	2011
FR3000F	中科伏瑞	混合方法	2010
SWPPS	华北电力大学	混合方法	2011
兆方美迪	上海交通大学、兆方美迪公司	混合方法	2010

1.2.3　风电特性的研究

相对传统的确定可控的发电方式,风力发电出力具有明显的随机性、波动性和间歇性,因此对风电出力的三大特性进行研究,对于大规模风电安全高效并网有着重要的参考意义。

风电随机性的研究大致可以分为两类[90]:基于随机序列的方法以及基于概率密度函数的方法。文献[91]将限幅器引入到差分自回归滑动平均模型中,模拟带有随机性的风电出力时间序列;文献[92]采用马尔科夫链蒙特卡罗的方法来生成具有随机性的风功率时间序列。文献[93,94]采用威布尔分布来拟合风速的真实概率分布,并对分布参数的计算方法进行了研究。文献[95]对采用人工神经网络模型预报得到风功率预报误差进行了统计,指出使用长期历史数据预报时,预报误差的分布符合正态分布。文献[96]分析了某风电场 32 台风电机组某一年的日出力预测值和实际值（数据时间间隔为 10 min），得出风电出力偏差的概率密度曲线，将该曲线和其均值和方差相同的正态分布和拉普拉斯分布曲线进行比较，指出实际误差曲线的偏差跨度要比正态分布曲线大，风电出力偏差的概率密度分布介于正态分布与拉普拉斯分布之间，用贝塔分布来拟合。文献[97]采用贝塔分布来拟合功率实际值与预测值之间的误差，并采用后处理的方法来估计分布的拟合参数。文献[98]对德州电力可靠性委员会的 10 个风电场的风功率预报误差进行了统计，将误差分布图与标准正态分布进行比较。此外还发现误差分布图的形状随预报尺度的增大显著变化。

　　大规模风电的并网给电网带来了很多不良的影响，使得波动性的研究日益受到人们的重视。对风电波动性进行研究，不仅有利于完善平抑波动性的措施，而且还可能为提高不同时间尺度下风电功率预测的精度提供参考，为最终从规划、运行、控制等多方面为电网的安全运行和经济调度服务。文献[90]基于实测数据，对风电功率的波动特性做了定量分析，提出了采用带移位因子与伸缩系数的 t 分布（t location-scale）拟合风电功率变化率的方法，并对不同容量风电场、不同类型风机的风电场和不同时间尺度的风电场功率输出及风电场能量输出的波动特性进行了分析。文献[99]对酒泉风电场功率波动率进行了研究，研究表明酒泉风电场群出力变化率在每分钟 0～0.6% 之内的概率约为 90%，在每分钟 0～1.5% 之内的概率约为 99%，大于 1.5% 的概率约为 1%。文献[100]采用风电功率波动幅度平均值、风电功率变化量标准差和风电功率波动 1 阶分布量分布概率等指标来研究风电功率波动的时空分布特性。研究发现随着时间尺度的增大，风电功率波动性呈现上升的趋势。风电功率的波动随空间分布尺度的增大而缓和，具有一定的平缓效应。文献[101]定义了风电出力变化率，并采用二分量一维混合高斯分布模型来拟合实际的风电出力变化率的分布。在此基础上，引入波动置信区间的方法，研究风电波动性随着机组数量增加的变化规律，为风电规模增加时对总出力波动的评估提供了参考模型。文献[102]基于风电出力概率的分布规律对新疆风电出力的波动特性进行研究。并采用加权高斯混合概率模型来拟合实际的风电出力概率分布。文献[102,103]选用最大峰谷差、短时波动量、日平均出力、月平均出力以及出力百分比等参数对风电运行的波动特性进行了分析。文献[104,105]采用自相关函数法、周期图法以及数字信号处理的方法进行风电功率波动特性的周期性研究分析，研究发现风电功率的波动量中存在周期性分量，但是受风随机性的影响，这种周期性的现象并一定存在于所有的时段。上述的研究中采用的统计方法都是基于横向时间序列分析得到的风电在连续时间轴上的波动特性。文献[106]则采用纵向时间序列分析的方法对风电的波动性进行分析。所谓的纵向时间序列分析的方法是指在长期历史数据的基础上,统计同一时刻风电波动特性的规律。该研究采用风电出力概率为指标来研究风电的波动性,并对一天中同一时刻下的风电出力概率分布进行拟合。此外利用其他年份的数据对拟合模型进行验证,发现模型具有较好的适应性。

在研究风电功率波动特性的过程中发现,随着风电机组或者风电场群的集合,风电功率的输出特性发生改变,即所谓的空间平滑效应[107]。文献[108]解释了风电场空间平滑效应的机理,在风电功率相对标准差的基础上,用场群总出力的标准差和单个风电场出力标准差的比值作为平滑效应的度量指标。文献[109]采用相关性分析的方法发现不同空间位置风电场出力具有互补的效应,从而产生了平滑效应。文献[110]采用风功率时间序列的标准差来刻画风电出力的波动性,并将场群总出力的标准差和单台风机出力标准差的比值定义为平滑系数。在此基础上研究发现风机的空间平滑效应在分钟级的时间尺度下最为显著,而小时级时间及以上尺度下风机出力表现出正相关,平滑效应较弱。文献[111]利用 Copula 函数来分析风电场之间的相关性。研究发现风电场之间符合正态-Copula 分布,而且风电场距离越近,相关系数越大,相关系数随着距离的增加而减小。文献[101]研究了风电场相关性与平滑性两者之间的联系,结果表明平滑系数随着相关系数的增大而减小,两者之间存在一种近似线性的关系。文献[112]定义了互补性指标来度量不同风电场之间的互补能力。

相比于随机性和波动性的研究,风电间歇性的研究则相对较少。文献[113]指出风电间歇性提高了大规模风电并网的运行费用,是未来风电成为自主、可靠的电力系统电源所面临的重大挑战[114]。文献[115]分析了风电间歇性对电力系统运行的影响,在此基础上提出采用储能的方式来削弱风电间歇性给电力系统带来的影响。文献[116]用 Leveque 及佘振苏提出的对数泊松律模型,在拟合风速谱的过程中引入了湍流间歇性,从而拟合出具有间歇性的人工风速时间序列。文献[117]以风功率密度为统计量,将风功率密度大于 200 W/m² 的状态称为"有功",而风功率密度小于 200 W/m² 的状态称为"无功"。将这种"有功"和"无功"之间状态转化的现象称之为间歇性。并采用"有功"和"无功"片段持续时间长度的统计值及概率分布来描述风功率密度的间歇性。

关于随机性、波动性和间歇性的研究都是以风电自身特性为研究对象。风电特性研究的另外一方面是风电与电力系统之间交互关系的特性。文献[118]对风电有功功率的波动特性以及风电负荷率特性进行研究,分析了影响风电并网容量的主要因素,并对不同容量风电并网后有功功率表现出的特点进行了总结。文献[119]分析了风电不确定性对电力系统频率、电压、暂态稳定性、动态稳定性、充裕性、电能质量、电力市场以及减排等方面的影响。在此基础上,从发电侧、需求侧、电网环节等方面提出了相应的措施来削弱不确定性带来的影响。文献[120]从电力系统运行、调峰以及调频等方面出发研究风电特性,在典型的日负荷曲线特征的约束下,分别研究了机组爬坡时风电出力的负波动特性以及机组降谷时风电出力的正波动性,在此基础上详细的论述风电出力对一二次调频以及经济调度的影响。此外还研究了负荷高峰及低谷时期风电出力的相关特性,如概率分布、有效概率等。文献[121]以酒泉地区风电基地为研究对象,对风电基地出力的季特性、日特性、出力分布、弃风电量、出力变化率以及调峰特性进行分析。文献[122]定义了风电并网后电力系统的负荷峰谷差变化指标以及调峰不足概率指标,以蒙西电网风电场群为研究对象,研究了不同天气类型条件下风电并网后调峰的特性。文献[123]将风电特性指标分为自然特性评价指标和与电网交互特性指标两大类,其中后者又可以分为负荷匹配性以及电源匹配性两类,介绍了各项指标的计算方法,并总结了各项指标在电力系统中的应用场合,为电力系统的调度规划提供参考信息。

除了上述在时域方面对风电特性的研究,一些学者在频域上对风电特性进行研究。文献[124]采用功率谱密度分析的方法对风电出力有功功率的波动特性进行研究。研究发现 10 台风电机组的功率谱密度值在 $2 \times 10^{-6} \sim 4 \times 10^{-2}$ 的频率范围下符合 Kolmogorov 谱分布理论,其时间尺度的范围为 12.5s～2.9d。在此基础上,研究了装机容量对风电功率功率谱的影响,发现随着频率的增加,风电功率的功率谱幅值在线性区域内指数衰减,而且风机数量越多,衰减的速度越快,频率越高,时间尺度越小,风电功率的汇聚效应越明显,从而从功率谱密度的角度论证了风电功率的汇聚效应。文献[125,126]基于平稳随机过程的谱密度分析方法对风电场功率波动特性进行研究,建立了风机轮毂处风速波特特性的频域模型、等效风速计算方法、风机之间等效风速的相关矩阵以及等效风速联合功率谱密度矩阵。由于基于频域的建模方法考虑了风机特性、地理位置的影响,能够更好地反映功率波动特性。

关于风电特性的研究除了上述的研究外,一些学者也从物理角度出发,研究风电场的湍流强度特性。应用雷诺平均的方法,可以将瞬时风速分解为平均风速以及围绕平均风速上下波动的湍动风速两部分,而湍动风速的标准差与平均风速的比值则被定义为风湍流强度。文献[127]研究发现湍动风速的标准差与小时平均风速呈现出近似线性的比例关系。文献[128]中风机设计的湍流模型采用线性湍流模型,分为两个设计等级。文献[129]对风机设计湍流模型进行了进一步完善,提出了三个设计等级。文献[130]则进一步提出了有效湍流强度模型,考虑了环境湍流强度和风电机组彼此之间尾流产生的湍流强度两部分。文献[131]归纳总结了环境湍流强度、风机厂商风电机组机位湍流强度、WAsP Engineering 与 WAT 软件有效湍流强度以及 Meteodyn WT 软件湍流强度的计算公式,并根据不同模型的输入条件分析了不同计算方法适用的风电场种类。文献[132]基于计算流体力学(computational fluid dynamics,CFD)湍流模型的湍流强度计算方法对实际复杂地形条件下风电场风机机位的湍流强度进行计算,并与实测数据的结果进行对比验证了该方法的有效性。

大气湍流强度是地表摩擦与风速切变引起的动力因子和温度层结引起的热力因子而形成的,是评价气流稳定程度的指标,其大小关系到风电场风能资源质量的优劣。大气湍流度与地理位置、地形、地表粗糙度和大气边界层的演变等因素有关,所以不同地区以及不同地形湍流强度日变化和年变化模式不同。文献[133]对沿海风电场的近地层湍流强度特性进行分析,结果表明随着高度的增加,湍流强度呈现出相反的变化趋势,而且同一高度位置,近海地区的湍流强度小于海岸地区,造成这一现象的主要原因是近海地区近地层的温度梯度小于海岸地区,而且下垫面光滑。对湍流强度的季节特性进行研究发现,不管是近海地区还是海岸地区,湍流强度季节特性有一定的相似性,冬季湍流强度最小,春季湍流强度缓慢增大,夏季湍流强度达到一年中的最大值,而从秋季开始湍流强度明显减小。文献[134]对不同地区以及不同地形条件下风电场的湍流强度特性进行分析,包括年变化特性和日变化特性,研究结果表明,平坦地形条件下的湍流强度日变化以及年变化的特性较明显。湍流强度随着高度的增加而减小,但是不同高度条件下湍流强度的特性相似。日变化特性呈现的规律为白天湍流强度要大于夜晚,最大值出现在中午时刻。年变化特性呈现出的规律为夏季和秋季的湍流强度要大于其他季节。复杂地形的湍流强度的变化趋势与平坦地形相似,然而由于受到地形和植被等因素的影响,会出现随着高度的增加湍流强度增大的现象。陆地地区湍流强度的日变化特性高峰值的出现时间与日出的时间相关,日出越早,达到高峰值的时间越早。沿湖和沿海地区的湍流强度日变化和年变化的特性不太明显,随着高度的变化,湍流强度呈现出较大的差异性。

在研究风电场风湍特性的过程中发现,当风经过上游的风机后,由于一部分风能被吸收,所以在到达下游风机时可以利用的风能减少,这种现场被称之为尾流效应[135]。文献[136]分析了尾流效应对风场风机产生的影响:一方面导致下游风机可捕获的能量减少,出力降低;另一方面尾流效应会导致风湍强度增大,导致下游风机承受较大的结构载荷,影响风机的使用寿命。文献[137,138]研究发现尾流效应造成陆地风电场的平均功率损失约为12%,沿海地区风电场出力平均损失8%。文献[139]在考虑尾流效应的基础上,提出了风机的功率特性矩阵、风场效率矩阵以及等效出力特性等概念和相应的算法,建立了风电场出力的特性模型。文献[140]以定速风机为例,搭建了25台机组构成的风电场模型,分析了尾流效应对风电场输出特性的影响。文献[141]以海上风电场为研究对象,在考虑尾流效应影响的基础上,采用最优控制理论,将风电场总出力之和最大设为最优目标,以风机的出力能力和尾流效应为约束条件,建立了风电场功率输出优化模型。文献[142]在风速为 8m/s,湍流强度为 0.4% 的初始条件下,基于大涡模拟的理论对水平轴风机的尾流进行数值模拟。在此基础上分析了在位于风机尾流区域内轴向平均速度、涡结构以及湍流强度等特性。

除了上述尾流效应对风场影响的研究外,有学者对尾流模型展开了研究。文献[143]采用湍流喷射相似理论,提出了适用于单台风机尾流的 Lissaman 模型。文献[144]忽略了湍流强度的变化,提出了一维线性模型,Park 模型,被用来进行风力发电机的优化布置。文献[145]在考虑湍流效应的基础上,进一步提出了二维轴对称的涡旋理论模型,模型具有较高的精度,可以用来准确计算风电功率。文献[146]对二维计算方法进行了简化,并对初始计算结果进行了修正,提高了模型的计算效率。随着计算机技术的应用,基于 CFD 的尾流计算得到了大量的应用[147-150]。采用 CFD 软件进行尾流计算的基础是雷诺-平均纳维-斯托克斯(Reynolds-averaged Navier-Stokes equation,RANS)方程,将各个方向的平均风速、压力和湍流强度作为独立的自变量,然后设置相应的各类边界条件、进出口条件,选定合适的相关参数,计算 RANS 方程得到流场中各个网格点所对应的参数值。基于 CFD 的三维数值模拟已经成为了当前主流的尾流模型计算方法。

1.3　风电不确定性建模的必要性

我国风能资源储量极为丰富,风电已成为我国发展新能源的首选,国家也相继出台一系列的政策支持新能源电力的发展。规模化新能源电力的利用需要在随机波动的负荷需求与随机波动的电源之间实现能量的供需平衡,使电力系统结构、运行控制发生根本性变革。新能源电力系统的基本特征是电网必须具备同时响应负荷侧和电源侧功率随机波动的能力,保证电力系统能量供需平衡与运行稳定。然而,在目前电源结构下,随着新能源电力的规模化发展,"弃风"现象越来越突出,所以,规模化新能源电力的安全高效利用问题亟待解决。

新能源电力系统安全高效运行条件下的电网实时调度与优化控制的基本需求是:对风电功率波动进行实时平抑,保证新能源电力系统安全高效运行。因此,需要研究电网对风电等新能源电力不确定性的平抑能力和平抑代价。其中,平抑能力即容量和响应速度的匹配,而平抑代价即整体的运行经济性。风电功率波动平抑的必要条件有两个:一是调节范围的匹配需要,即波动范围;二是调节速率的匹配,即波动速率。一般,风电的波动频率分为三类:

(1) A 类:频率波动的周期在 10s 至 2~3min,幅值在 0.05~0.5Hz 之间,主要由冲击负荷变动引起,是电网 AGC 主要调节对象。

（2）B类：频率波动的周期在 2～3min 至 10～20min 之间，幅值较大，主要由生产、生活及气候变化引起。对这类频率波动的控制，现在主要由能量管理系统（energy management system，EMS）的超短期负荷预报软件进行控制。

（3）C类：频率波动的周期在 10s 之内，幅值在 0.025Hz 以下，由于幅值小、周期短，EMS 不对其进行控制，而由机组的一次调频进行调节。

根据前面文献分析可以看出，风电不确定性对电网的影响可以从多方面来解决。其中，一部分研究者致力于研究采用不同调节电源或相同电源的不同调节方式来平抑风电不确定性。而另一部研究者，致力于对于风电不确定性本身的研究，目前主要集中在小时级平均风速预报及其预报误差的统计分析方面。然而，由于长周期的风电特性研究不能满足电网的实时调度与优化控制特殊需求；因此，风速波动范围和波动速率的瞬时特性是目前迫切需求的研究内容，如图 1-12 所示。

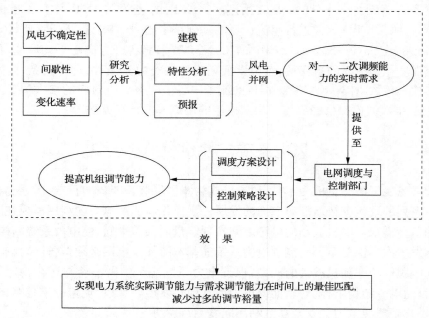

图 1-12　新能源电力系统的实时调度与优化控制的需求分析

1.4　风速的非平稳随机过程

考虑一个过程，它可能的结果构成时间函数的集合（或总体）$\{y(t)\}$，总体的每一个元素称作一个样本函数。如果任一特定时刻，总体的样本函数值构成随机变量，那么这个过程就叫随机过程，随机过程的样本函数称作随机信号。

随机过程的分布函数族可以完善地描述随机过程的统计特性。但是在实际应用中要确定随机过程的概率密度或分布函数族并加以分析往往比较困难,有时甚至不可能。因而在研究随机过程时引入随机过程的基本数字特性,利用这些数字特征,既能描述随机过程的重要特征,也可以便于进行运算和实际测量。

设 $\{\xi(t), -\infty < t < \infty\}$ 为一随机过程,对于某一时刻 t_1,$\xi(t_1)$ 为一个一维随机变量,其概率密度函数为 $f_\xi(x)$,于是其均值为

$$\mu_\xi(t_1) = E\{\xi(t_1)\} = \int_{-\infty}^\infty x f_\xi(x,t_1)\mathrm{d}x \tag{1-1}$$

式中,$E\{\xi(t_1)\}$ 为随机过程 $\xi(t)$ 的所有样本函数在参数 t_1 时函数值的均值。

随机变量 $\xi(t_1)$ 的二阶中心矩为

$$\sigma_\xi^2(t_1) = D\{\xi(t_1)\} = \int_{-\infty}^\infty [x - \mu_\xi(t_1)]^2 f_\xi(x,t_1)\mathrm{d}x \tag{1-2}$$

式中,$\sigma_\xi^2(t_1)$ 为随机过程的方差。

为描述在两个不同参数 t_1、t_2 时刻随机过程之间的联系,要利用二元概率密度。设 $\xi(t_1)$ 和 $\xi(t_2)$ 为随机过程 $\xi(t)$ 在 t_1、t_2 的状态,相应的二维概率密度函数为 $f_{\xi_1\xi_2}(x_1,x_2,t_1,t_2)$,于是可得它们的二阶混合原点矩为

$$R_{\xi\xi}(t_1,t_2) = E\{\xi(t_1)\xi(t_2)\} = \int_{-\infty}^\infty \int_{-\infty}^\infty x_1 x_2 f_{\xi_1\xi_2}(x_1,x_2,t_1,t_2)\mathrm{d}x_1\mathrm{d}x_2 \tag{1-3}$$

在随机过程中简称二阶混合原点矩为自相关函数,可简写为 $R_\xi(t_1,t_2)$。

类似地,其二阶混合中心矩即随机过程的自协方差函数 $C_{\xi\xi}(t_1,t_2)$ 为:

$$\begin{aligned}C_{\xi\xi}(t_1,t_2) &= E\{[\xi(t_1) - \mu_\xi(t_1)][\xi(t_2) - \mu_\xi(t_2)]\}\\ &= \int_{-\infty}^\infty \int_{-\infty}^\infty [x_1 - \mu_\xi(t_1)][x_2 - \mu_\xi(t_2)]f_{\xi_1\xi_2}(x_1,x_2,t_1,t_2)\mathrm{d}x_1\mathrm{d}x_2\\ &= R_{\xi\xi}(t_1,t_2) - \mu_\xi(t_1)\mu_\xi(t_2) = \mathrm{COV}(\xi(t_1),\xi(t_2))\end{aligned} \tag{1-4}$$

上式中的自协方差函数可以简写为 $C_\xi(t_1,t_2)$。

理论上,仅仅研究随机过程的均值和相关函数不能代替对整个随机过程的研究,但它们确实描述了随机过程的主要统计特征,比有穷维分布函数族易于观测和参与运算,因而对于解决实际问题而言,它们往往能起到重要的作用。

如果一个随机过程的概率结构在参数作任意平移时保持不变,则称此随机过程是平稳的,设随机过程的 n 维概率密度函数对任意实数 a,有

$$p(x_1,t_1;\cdots;x_n,t_n) = p(x_1,t_1+a;\cdots;x_n,t_n+a) \tag{1-5}$$

则称此随机过程为 n 阶平稳随机过程。一个 n 阶平稳的随机过程对低于 n 阶的各阶也是平稳的。工程实际中经常遇到的是二阶宽平稳随机过程。

对于二阶的平稳随机过程,有

$$\mu(t) = \mu = \text{constant}$$
$$\sigma(t) = \sigma = \text{constant}$$
$$R_x(t_1, t_2) = R_x(t_2 - t_1) = R_x(\tau) \qquad (1\text{-}6)$$
$$C_x(t_1, t_2) = C_x(t_2 - t_1) = C_x(\tau)$$

平稳随机过程的定义要求它的样本函数无限长(即在整个实数轴上都有定义),而且它的统计特征对参数原点的选取有一定的均匀性。实际上,没有一个随机过程是真正平稳的,但是当一个随机过程在参数的充分长区间上呈现出上述均匀性,就可以近似的看作平稳过程,这里的平稳指宽平稳。

对应于平稳随机过程,非平稳随机过程中的 n 阶统计量是随时间发生变化的,也可以说不满足上述平稳性定义的随机过程可被认为是非平稳随机过程。

从广义上来说,时间序列是指被观测到的依时间次序排列的数据序列。从概率论角度来看,用随机过程来描述最为合适。随机过程被定义为一簇随机变量,即 $\{x_t, t \in T\}$,其中 T 表示时间 t 的变化范围,对每个固定的时刻 t,x_t 是一个一元随机变量,这些随机变量的全体就构成了一个随机过程。当 $T = \{0, \pm 1, \pm 2, \cdots\}$ 时,随机过程 $\{x_t, t \in T\}$ 可写成 $\{x_t, t \in 0, \pm 1, \pm 2, \cdots\}$,称之为随机序列。由于 t 代表时间,所以此类随机序列称为时间序列。由此可见,时间序列是一类特殊的随机过程—离散时间的随机过程。

对于风速时间序列而言,其统计参量如均值、方差等随时间而变化,如图 1-13 所示,没有不变的中心趋势,不能用时间序列的样本均值和方差推断各时点随机变量的分布特征,不满足平稳性的定义。风速时间序列具有随时间变化的波动性、随机性,是一个典型的非平稳随机过程。

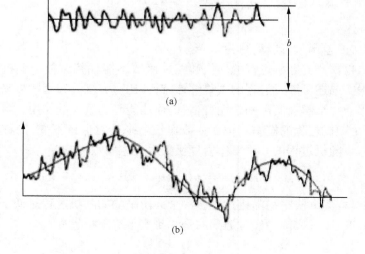

(a)

(b)

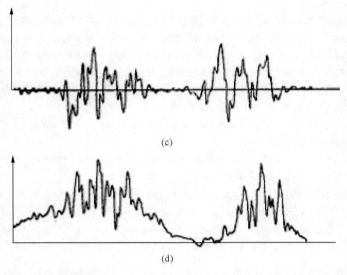

图 1-13　(a)平稳时间序列，(b)~(d)非平稳时间序列：(b)随时间变化的平均值、
(c)随时间变化的均方值、(d)随时间变化的平均值与均方值

参 考 文 献

[1] 刘吉臻. 大规模新能源电力安全高效利用基础问题[J]. 中国电机工程学报，2013，33(16):69-70.

[2] 夏云峰. 德国海上风电发展现状[J]. 风能，2016，(1):38-40.

[3] 邓佳佳. 考虑分布式能源的电力系统优化运营模型研究[D]. 华北电力大学，2012.

[4] 刘振亚. 共同推动全球能源互联网创新发展[J]. 当代电力文化，2015，(10):10-12.

[5] 薛禹胜，郁琛，赵俊华，等. 关于短期及超短期风电功率预测的评述[J]. 电力系统自动化，2015，39(6):141-150.

[6] Holttinen H，Meibom P，Orths A，et al. Impacts of large amounts of wind power on design and operation of power systems，results of IEA collaboration[J]. Wind Energy，2011，14(2):179-192.

[7] 薛禹胜，雷兴，薛峰，郁琛，董朝阳，文福拴，鞠平. 关于风电不确定性对电力系统影响的评述[J]. 中国电机工程学报，2014，34(29):5029-5040.

[8] L Wei. An Embedded Energy Storage System for Attenuation of Wind Power Fluctuations[M]. Montreal，Canada:McGill University，2010:1-5.

[9] Fadhil Toufick Aula. Power Control and Management of the Grid Containing Largescale Wind Power Systems[D]. Norman，Oklahoma:University of Oklahoma Graduate College，2013:4-10.

[10] Bouffard F，Galiana F D. Stochastic Security for Operations Planning With Significant Wind Power Generation[J]，Power Systems，IEEE Transactions on，2008，23(2):306-316.

[11] Al-Awami A T，El-Sharkawi M A. Coordinated Trading of Wind and Thermal Energy[J]，Sustainable Energy，IEEE Transactions on，2011，2(3):277-287.

[12] 陈贞，倪维斗，李政. 风电特性的初步研究[J]，太阳能学报，2011，12(3):210-215.

[13] 侯佑华，房大中，齐军，等. 大规模风电入网的有功功率波动特性分析及发电计划仿真[J]，电网技术，

2010,34(5):60-66.

[14] 蒋大伟. 大规模风电并网对系统频率影响分析[D]. 吉林:东北电力大学,2010:19-28.

[15] 韩小琪,宋璇坤,李冰寒,等. 风电出力变化对系统调频的影响[J]. 中国电力,2010,43(6):26-29.

[16] 符文,胡剑琛. 大量风电电源接入对海南电网频率稳定的影响[J]. 供用电,2010,27(6):29-33.

[17] 丁立,乔颖,鲁宗相,等 高比例风电对电力系统调频指标影响的定量分析[J]. 2014,38(14):1-8.

[18] Parsons B,Milligan M,Zavadil B, et al. Grid impacts of wind power:a summary of recent studies in the United-States[J]. Wind Energy,2004,7(2):87-108.

[19] Luo C,Ooi B T. Frequency deviation of thermal power plants due to wind farms[J]. IEEE Trans on, Energy Convers,2006,21(3):708-716.

[20] Luo C, Far B H G,Banakar H,et al. Estimation of wind penetration as limited by frequency deviation [J]. IEEE Trans on. Energy Convers,2007,22(3):783-791.

[21] Banakar H,Luo C,Ooi B T. Impacts of wind power minute-tominute variations on power system opera-tion[J]. IEEE Trans on. Power Syst. ,2008,23(1):150-160.

[22] Lin J, Sun Y Z, Sørensen P, et al. Method for Assessing Grid Frequency Deviation Due to Wind Power Fluctuation Based on Time-Frequency Transformation[J]. IEEE Trans on. Sustainable Energy,2012,3 (1):65-73.

[23] 王琦. 高风电渗透率区域电网火电机组调频能力研究[D]. 哈尔滨工业大学，2015.

[24] Wang Y, Delille G, Bayem H, et al. High Wind Power Penetration in Isolated Power Systems—As-sessment of Wind Inertial and Primary Frequency Responses[J]. IEEE Transactions on, Power Sys-tems, 2013. 28(3): 2412-2420.

[25] Holttinen H, Impact of hourly wind power variations on the system operation in the Nordic countries [J], Wind Energy, 2005,8:197-218

[26] Variani M H, Tomsovic K. Distributed Automatic Generation Control Using Flatness-Based Approach for High Penetration of Wind Generation[J], IEEE Transactions on, Power Systems, 2013,28(3): 3002-3009.

[27] He C M, Wang H T. Active power real-time control strategy for wind farm considering AGC adjust-ment capability Limits[C]. T&D Conference and Exposition, IEEE PES,2014.

[28] 贾涛. 大规模风电场并网后 AGC 平抑频率波动研究[D]. 济南:山东大学,2009:28-36.

[29] 王松岩,于继来. 含大规模风电系统的非 AGC 与 AGC 机组高峰协调控制策略[J]. 中国电机工程学报,2013,28(28):54-60.

[30] Saroha S, Aggarwal S K. A Review and Evaluation of Current Wind Power Prediction Technologies. WSEAS Transactions on Power Systems, 2015, 10(1):1-12.

[31] Zhao P, Wang J, Xia J, et al. Performance evaluation and accuracy enhancement of a day-ahead wind power forecasting system in China[J]. Renewable Energy, 2003, 58(10):1040-1041.

[32] Ramirez-Rosado I J, Fernandez-Jimenez L A, Monteiro C, et al. Comparison of two new short-term wind-power forecasting systems[J]. Renewable Energy, 2009, 34(7):1848-1854.

[33] Catalao J P S, Pousinho H M I, Mendes V M F. Hybrid wavelet-PSO-ANFIS approach for short-term wind power forecasting in Portugal[J]. IEEE Transactions on Sustainable Energy, 2011, 2(1):50-59.

[34] Liu H, Tian H Q, Chen C, et al. A hybrid statistical method to predict wind speed and wind power[J]. Renewable Energy, 2010, 35(8):1857-1861.

[35] An X, Jiang D, Liu C, et al. Wind farm power prediction based on wavelet decomposition and chaotic

time series[J]. Expert Systems with Applications, 2011, 38(9):11280-11285.

[36] Catalão J P S, Pousinho H M I, Mendes V M F. Short-term wind power forecasting in Portugal by neural networks and wavelet transform[J]. Renewable Energy, 2011, 36(4):1245-1251.

[37] Liu D, Niu D, Wang H, et al. Short-term wind speed forecasting using wavelet transform and support vector machines optimized by genetic algorithm[J]. Renewable Energy, 2014, 62(3):592-597.

[38] Bhaskar K, Singh S N. AWNN-Assisted Wind Power Forecasting Using Feed-Forward Neural Network [J]. IEEE Transactions on Sustainable Energy, 2012, 3(2):306-315.

[39] An X, Jiang D, Zhao M, et al. Short-term prediction of wind power using EMD and chaotic theory[J]. Communications in Nonlinear Science & Numerical Simulation, 2012, 17(2):1036-1042.

[40] Sideratos G, Hatziargyriou N D. Probabilistic Wind Power Forecasting Using Radial Basis Function Neural Networks[J]. IEEE Transactions on Power Systems, 2012, 27(4):1788-1796.

[41] Togelou A, Sideratos G, Hatziargyriou N D. Wind Power Forecasting in the Absence of Historical Data [J]. IEEE Transactions on Sustainable Energy, 2012, 3(3):416-421.

[42] Sideratos G, Hatziargyriou N D. An Advanced Statistical Method for Wind Power Forecasting[J]. IEEE Transactions on Power Systems, 2007, 22(1):258-265.

[43] Sideratos G, Hatziargyriou N D. Wind Power Forecasting Focused on Extreme Power System Events [J]. IEEE Transactions on Sustainable Energy, 2012, 3(3):416-421.

[44] Fan S, Liao J R, Yokoyama R, et al. Forecasting the Wind Generation Using a Two-Stage Network Based on Meteorological Information[J]. IEEE Transactions on Energy Conversion, 2009, 24(2):474-482.

[45] 苏鹏宇. 考虑风速变化模式的风速预报方法研究[D]. 哈尔滨工业大学, 2013.

[46] Golding B W. The Meteorological Office mesoscale model[J]. Meteorological Magazine, 1990.

[47] Machenhauer B, HIRLAM final report[M]. Danish meteorological institute, 1988.

[48] Pielke R A, Cotton W R, Walko R L, et al. A comprehensive meteorological modeling system—RAMS [J]. Meteorology & Atmospheric Physics, 1992, 49(1-4):69-91.

[49] Skamarock W C, Klemp J B, Dudhia J, et al. A description of the advanced research WRF version 2 [R]. National Center For Atmospheric Research Boulder Co Mesoscale and Microscale Meteorology Div, 2005.

[50] Brown B G, Katz R W, Murphy A H. Time series models to simulate and forecast wind speed and wind power[J]. Journal of Climatology & Applied Meteorology, 1984, 23(1984):1184-1195.

[51] Daniel A R, Chen A A. Stochastic simulation and forecasting of hourly average wind speed sequences in Jamaica[J]. Solar Energy, 1991, 46(1):1-11.

[52] Torres J L, García A, Blas M D, et al. Forecast of hourly average wind speed with ARMA models in Navarre (Spain)[J]. Solar Energy, 2005, 79(1):65-77.

[53] El-Fouly T H M, El-Saadany E F, Salama M M A. Grey predictor for wind energy conversion systems output power prediction[J]. IEEE Transactions on Power Systems, 2006, 21(3):1450-1452.

[54] Hsu C C, Chen C Y. Applications of improved grey prediction model for power demand forecasting[J]. Energy Conversion & Management, 2003, 44(14):2241-2249.

[55] Sfetsos A. A comparison of various forecasting techniques applied to mean hourly wind speed time series [J]. Renewable energy, 2000, 21(1): 23-35.

[56] Sfetsos A, Siriopoulos C. Time series forecasting of averaged data with efficient use of information[J].

Systems, Man and Cybernetics, Part A: Systems and Humans, IEEE Transactions on, 2005, 35(5): 738-745.

[57] Cadenas E, Rivera W. Wind speed forecasting in three different regions of Mexico, using a hybrid ARIMA-ANN model[J]. Renewable Energy, 2010, 35(12):2732-2738.

[58] Guo Z, Zhao W, Lu H, et al. Multi-step forecasting for wind speed using a modified EMD-based artificial neural network model[J]. Renewable Energy, 2012, 37(1):241-249.

[59] Potter C, Negnevitsky M. Very short-term wind forecasting for Tasmanian power generation[J]. Power Systems IEEE Transactions on, 2006, 21(2):965-972.

[60] Damousis I G, Alexiadis M C, Theocharis J B, et al. A fuzzy model for wind speed prediction and power generation in wind parks using spatial correlation[J]. Energy Conversion, IEEE Transactions on, 2004, 19(2): 352-361.

[61] Amjady N, Keynia F, Zareipour H. Short-term wind power forecasting using ridgelet neural network [J]. Electric Power Systems Research, 2011, 81(12): 2099-2107.

[62] Monfared M, Rastegar H, Kojabadi H M. A new strategy for wind speed forecasting using artificial intelligent methods[J]. Renewable Energy, 2009, 34(3): 845-848.

[63] Amjady N, Keynia F, Zareipour H. Wind Power Prediction by a New Forecast Engine Composed of Modified Hybrid Neural Network and Enhanced Particle Swarm Optimization[J]. IEEE Transactions on Sustainable Energy, 2011, 2(3):265-276.

[64] Barbounis T G, Theocharis J B, Alexiadis M C, et al. Long-Term Wind Speed and Power Forecasting Using Local Recurrent Neural Network Models[J]. IEEE Transactions on Energy Conversion, 2006, 21(1):273-284.

[65] Cao Q, Ewing B T, Thompson M A. Forecasting wind speed with recurrent neural networks[J]. European Journal of Operational Research, 2012, 221(1):148-154.

[66] Li G, Shi J. On comparing three artificial neural networks for wind speed forecasting. Appl. Energy 87 (7), 2313-2320[J]. Applied Energy, 2010, 87(7):2313-2320.

[67] Mohandes M A, Halawani T O, Rehman S, et al. Support vector machines for wind speed prediction [J]. Renewable Energy, 2004, 29(6):939-947.

[68] Sujay R N, Deka P C. Support vector machine applications in the field of hydrology: A review[J]. Applied Soft Computing, 2014, 19(6):372-386.

[69] Sreelakshmi K, Kumar P R. Short term wind speed prediction using support vector machine model[J]. Wseas Transactions on Computers, 2008, 7(11):1828-1837.

[70] Hu Q, Zhang S, Xie Z, et al. Noise model based ν-support vector regression with its application to short-term wind speed forecasting[J]. Neural Networks, 2014, 57:1-11.

[71] Guo Z, Wu J, Lu H, et al. A case study on a hybrid wind speed forecasting method using BP neural network[J]. Knowledge-Based Systems, 2011, 24(7):1048-1056.

[72] Bhaskar K, Singh S N. AWNN-Assisted Wind Power Forecasting Using Feed-Forward Neural Network [J]. IEEE Transactions on Sustainable Energy, 2012, 3(2):306-315.

[73] Methaprayoon K, Yingvivatanapong C, Lee W J, et al. An Integration of ANN Wind Power Estimation Into Unit Commitment Considering the Forecasting Uncertainty[J]. IEEE Transactions on Industry Applications, 2007, 43(6):1441-1448.

[74] Salcedo-Sanz S, Pérez-Bellido Á M, Ortiz-García E G, et al. Hybridizing the fifth generation mesoscale

model with artificial neural networks for short-term wind speed prediction[J]. Renewable Energy, 2009, 23(6):1451-1457.

[75] Salcedo-Sanz S, Pérez-Bellido Á M, Ortiz-García E G, et al. Accurate short-term wind speed prediction by exploiting diversity in input data using banks of artificial neural networks[J]. Neurocomputing, 2009, 72(4-6):1336-1341.

[76] Cadenas E, Rivera W. Short term wind speed forecasting in La Venta, Oaxaca, México, using artificial neural networks[J]. Renewable Energy, 2009, 10(34):274-278.

[77] Cadenas E, Rivera W. Wind speed forecasting in three different regions of Mexico, using a hybrid ARIMA-ANN model[J]. Renewable Energy, 2010, 35(12):2732-2738.

[78] Chen K, Yu J. Short-term wind speed prediction using an unscented Kalman filter based state-space support vector regression approach[J]. Applied Energy, 2014, 113(6):690-705.

[79] Salcedo-Sanz S, Ortiz-Garcı' E G, Pérez-Bellido Á M, et al. Short term wind speed prediction based on evolutionary support vector regression algorithms[J]. Expert Systems with Applications, 2011, 38(4): 4052-4057.

[80] De Giorgi M G, Ficarella A, Tarantino M. Assessment of the benefits of numerical weather predictions in wind power forecasting based on statistical methods[J]. Energy, 2011, 36(7): 3968-3978.

[81] Cassola F, Burlando M. Wind speed and wind energy forecast through Kalman filtering of Numerical Weather Prediction model output[J]. Applied Energy, 2012.

[82] 蔡祯祺. 基于数值天气预报 NWP 修正的 BP 神经网络风电功率短期预测研究[D]. 浙江大学, 2012.

[83] 郭琦. 基于 NWP 的风电负荷预测方法在内蒙古电网中的应用[D]. 天津大学, 2010.

[84] 李洪涛, 马志勇, 芮晓明. 基于数值天气预报的风能预测系统[J]. 中国电力, 2012, 45(2): 64-68.

[85] Dong L, Wang L J, Khahro S F, et al. Wind power day-ahead prediction with cluster analysis of NWP [J]. Renewable and Sustainable Energy Reviews, 2016, 60:1206-1212.

[86] 孙志远, 鲁成祥, 史忠植, 等. 深度学习研究与进展[J]. 计算机科学, 2016, 43(2) :1-8.

[87] Zhang C Y, Chen C L P, Gan M, et al. Predictive Deep Boltzmann Machine for Multiperiod Wind Speed Forecasting[J]. IEEE Transactions on Sustainable Energy, 2015, 6(4):1416-1425.

[88] Hu Q, Zhang R, Zhou Y. Transfer learning for short-term wind speed prediction with deep neural networks[J]. Renewable Energy, 2016, 85:83-95.

[89] 风电功率预测预报技术原理及其业务系统[M]. 气象出版社, 2013.

[90] 林卫星, 文劲宇, 艾小猛, 等. 风电功率波动特性的概率分布研究[J]. 中国电机工程学报, 2012, 32 (1):38-46.

[91] Chen P, Pedersen T, Bak-Jensen B, et al. ARIMA-based time series model of stochastic wind power generation[J]. Power Systems, IEEE Transactions on, 2010, 25(2): 667-676.

[92] Papaefthymiou G, Klockl B. MCMC for Wind Power Simulation[J]. IEEE Transactions on Energy Conversion, 2008, 23(1):234-240.

[93] 陈国初, 杨维, 张延迟, 等. 风电场风速概率分布参数计算新方法[J]. 电力系统及其自动化学报, 2011, 23(1):46-51.

[94] 丁明, 吴义纯, 张立军. 风电场风速概率分布参数计算方法的研究[J]. 中国电机工程学报, 2005, 25 (10):107-110.

[95] Methaprayoon K, Lee W J, Yingvivatanapong C, et al. An integration of ANN wind power estimation into UC considering the forecasting uncertainty[C]//Industrial and Commercial Power Systems Techni-

cal Conference, 2005 IEEE. IEEE, 2005: 116-124.

[96] Bludszuweit H, Domínguez-Navarro J A, Llombart A. Statistical analysis of wind power forecast error [J]. Power Systems, IEEE Transactions on, 2008, 23(3): 983-991.

[97] Luig A, Bofinger S, Beyer H G. Analysis of confidence intervals for the prediction of regional wind power output[C]//Proceedings of the European Wind Energy Conference, Copenhagen, Denmark. 2001: 725-728.

[98] Hodge B, Milligan M. Wind power forecasting error distributions over multiple timescales[C]//Power and Energy Society General Meeting, 2011 IEEE. IEEE, 2011: 1-8.

[99] 肖创英, 汪宁勃, 丁坤, 等. 甘肃酒泉风电功率调节方式的研究[J]. 中国电机工程学报, 2010, 30(10): 1-7.

[100] 崔杨, 穆钢, 刘玉, 等. 风电功率波动的时空分布特性[J]. 电网技术, 2011, 35(2): 110-114.

[101] 李剑楠, 乔颖, 鲁宗相, 等. 大规模风电多尺度出力波动性的统计建模研究[J]. 电力系统保护与控制, 2012, 40(19): 7-13.

[102] 蔺红, 孙立成, 常喜强. 新疆风电出力波动特性的概率建模[J]. 电网技术, 2014, 38(6): 1616-1620.

[103] 胡媛媛, 王晓龙, 庞尔军. 风电运行相关性随机性及波动性分析[J]. 仪器仪表与分析监测, 2013 (4): 9-13.

[104] 杨茂, 王东, 严干贵, 等. 风电功率波动特性中的周期性研究 [J]. 太阳能学报, 2013, 34(11): 2020-2026.

[105] 杨茂, 齐玥, 孙勇, 等. 基于数字信号处理的风电功率日周期性研究[J]. 电力系统保护与控制, 2014, 42(17): 107-112.

[106] 吕晓禄, 梁军, 负志皓, 等. 风电场出力的纵向时刻概率分布特性[J]. 电力自动化设备, 2014, 34(5): 40-45.

[107] Tarroja B, Mueller F, Eichman J D, et al. Spatial and temporal analysis of electric wind generation intermittency and dynamics[J]. Renewable Energy, 2011, 36(12): 3424-3432.

[108] 刘燕华, 田茹, 张东英, 等. 风电出力平滑效应的分析与应用[J]. 电网技术, 2013(4): 987-991.

[109] Han Y, Chang L. A study of the reduction of the regional aggregated wind power forecast error by spatial smoothing effects in the Maritime Canada[C]// The 2nd International Symposium on Power Electronics for Distributed Generation Systems. 2010: 942-947.

[110] 申颖, 赵千川, 李明扬. 多时空尺度下风电平滑效应的分析[J]. 电网技术, 2015, 39(2): 400-405.

[111] 张慧玲, 喻洁, 韩红卫, 等. 间歇性新能源发电相关性分析[J]. 电气自动化, 2015(5): 30-34.

[112] 曲直, 于继来. 风电功率变化的一致性和互补性量化评估[J]. 电网技术, 2013, 37(2): 507-513.

[113] Black M, Strbac G. Value of storage in providing balancing services for electricity generation systems with high wind penetration[J]. Journal of Power Sources, 2006, 162(2): 949-953.

[114] Sideratos G, Hatziargyriou N D. An Advanced Statistical Method for Wind Power Forecasting[J]. IEEE Transactions on Power Systems, 2007, 22(1): 258-265.

[115] Albadi M H, El-Saadany E F. Overview of wind power intermittency impacts on power systems[J]. Electric Power Systems Research, 2010, 80(6): 627-632.

[116] 李立, 廖锦翔, 李亮. 拟合带间歇性的人工风速序列[J]. 空气动力学学报, 2004, 22(3): 365-370.

[117] Gunturu U B, Schlosser C A. Characterization of Wind Power Resource in the United States and its Intermittency[R]. MIT Joint Program on the Science and Policy of Global Change, 2011.

[118] 侯佑华, 房大中, 齐军, 等. 大规模风电入网的有功功率波动特性分析及发电计划仿真[J]. 电网技

术，2010(5):60-66.

[119] 薛禹胜，雷兴，薛峰，等. 关于风电不确定性对电力系统影响的评述[J]. 中国电机工程学报，2014 (29):5029-5040.

[120] 陈学成. 面向电力系统运行需求的风电特性研究[D]. 大连理工大学，2011.

[121] 辛颂旭，白建华，郭雁珩. 甘肃酒泉风电特性研究[J]. 能源技术经济，2010，22(12):16-20.

[122] 李湃，管晓宏，吴江，等. 基于天气分类的风电场群总体出力特性分析[J]. 电网技术，2015，39(7):1866-1872.

[123] 李剑楠，乔颖，鲁宗相，等. 多时空尺度风电统计特性评价指标体系及其应用[J]. 中国电机工程学报，2013，33(13):53-61.

[124] 张旭，牛玉广，马一凡，等. 基于功率谱密度的风电功率特性分析[J]. 电网与清洁能源，2014，30(2):93-97.

[125] 林今，孙元章，RENSEN P S Φ，等. 基于频域的风电场功率波动仿真（一）模型及分析技术[J]. 电力系统自动化，2011，35(4):65-69.

[126] Lin J，Sun Y Z，Sorensen P，et al. Frequency modeling of wind power fluctuation and the application on power systems[C]// Power System Technology (POWERCON)，2010 International Conference on. 2010:578-582.

[127] Welfonder E，Neifer R，Spanner M. Development and experimental identification of dynamic models for wind turbines[J]. Control Engineering Practice，1997，5(1):63-73.

[128] International Electrotechnical Commission. IEC61400-1，Wind Turbine Generator Systems-Part 1: Safety Requirements[S]. Second edition 1999-02. Geneva: International Electrotechnical Commission，1999.

[129] International Electrotechnical Commission，IEC61400-1，Wind Turbines-Part 1: Design Requirements [S]. Third edition 2005-08. Geneva: International Electrotechnical Commission，2005.

[130] Frandsen S T. Turbulence and Turbulence-Generated Structural Loading In Wind Turbine Clusters [J]. Campus Risø，2007.

[131] 孙嘉兴. 风电机组机位有效湍流强度计算方法归纳分析[J]. 风能，2010(2).

[132] 盛科，刘超，杨佳元，等. 基于CFD的风电场湍流强度计算研究与应用[C]// 中国农机工业协会风能设备分会风能产业(2014年第7期). 2014.

[133] 班欣，沙文钰，冯还岭，等. 沿海风电场近地层湍流强度特征分析[C]// 第十五届中国海洋(岸)工程学术讨论会论文集(中). 2011.

[134] 李鸿秀，朱瑞兆，王蕊，等. 不同地形风电场湍流强度日变化和年变化分析[J]. 太阳能学报，2014，35(011): 2327-2333.

[135] González-Longatt F，Wall P，Terzija V. Wake effect in wind farm performance: Steady-state and dynamic behavior[J]. Renewable Energy，2012，39(1): 329-338.

[136] M de Prada Gil，Gomis-Bellmunt O，Sumper A，et al. Power generation efficiency analysis of offshore wind farms connected to a SLPC (single large power converter) operated with variable frequencies considering wake effects[J]. Energy，2012，37(1): 455-468.

[137] Barthelmie R J，Frandsen S T，Rathmann O，et al. Flow and wakes in large wind farms in complex terrain and offshore[A]. European Wind Energy Conference and Exhibition[C]，Brussels，2008.

[138] Barthelmie R J，Frandsen S T，Hansen K，et al. Modelling the impact of wakes on power output at Nysted and Horns Rev[C]//European Wind Energy Conference. 2009.

[139] 陈树勇，戴慧珠，白晓民，等. 尾流效应对风电场输出功率的影响[J]. 中国电力，1998(11)：28-31.

[140] 苏勋文，赵振兵，陈盈今，等. 尾流效应和时滞对风电场输出特性的影响[J]. 电测与仪表，2010，47(3)：28-31.

[141] 王俊，段斌，苏永新. 基于尾流效应的海上风电场有功出力优化[J]. 电力系统自动化，2015(4)：26-32.

[142] 侯亚丽，汪建文，王强，等. 基于大涡模拟的风力机尾流湍流特征的研究[J]. 太阳能学报，2015(8)：1818-1824.

[143] Lissaman P B S. Energy effectiveness of arbitrary arrays of wind turbines[J]. Journal of Energy, 1978，-1(6)：323-328.

[144] Katic I, Højstrup J, Jensen N O. A simple model for cluster efficiency[C]//Eupropean Wind Energy Conference. Rome：Ricardo,1986：407-410.

[145] Ainslie J F. Calculating the flowfield in the wake of wind turbines[J]. Journal of Wind Engineering & Industrial Aerodynamics, 1988, 27(s 1-3)：213-224.

[146] Larsen G C. A simple wake calculation procedure[M]. 1988.

[147] Rados K, Larsen G C, Barthelmie R J, et al. Comparison of wake models with data[C]//Proceedings. 2002.

[148] Ishihara T, Fujino Y. Development of a new wake model based on a wind tunnel experiment[J]. Global Wind Power, 2004.

[149] Wu Y T, Porté-Agel F. Large-Eddy Simulation of Wind-Turbine Wakes：Evaluation of Turbine Parametrisations[J]. Boundary-Layer Meteorology, 2011, 138(3)：345-366.

[150] Bastankhah M, Porté-Agel F. A new analytical model for wind-turbine wakes[J]. Renewable Energy, 2014，70(5)：116-123.

第2章 风的物理本质认识

2.1 引　　言

风电场利用风力发电机组实现风力发电,当有气流通过风力发电机桨叶时,带动风轮旋转,从而将风能转化为机械能,然后通过齿轮箱增速来驱动发电机,最终将机械能转化为电能。风是风力发电的能量来源,因此在研究风电特性的过程中,首先需要认识风的物理本质。

2.2　大气边界层运动

大气边界层是指大气层最底下的一个薄层,它是大气与下垫面直接发生相互作用的层次[1]。它的研究与天气预报、气候预测以及大气物理研究有非常密切的关系。由于人类的生命活动几乎都是发生在这一层次内,所以大气边界层的研究又与工农业生产、环境保护等密切相关。近年来,由于大量与大气运动有关的实际问题日益受到重视,国内外许多非气象领域的科学工作者,尤其是力学工作者,也对大气边界层研究产生了兴趣。与此相关的有工程气象学、工业空气动力学、环境流体力学等新的交叉学科。人们在解决航空安全保障、高层建筑物设计、风能利用以及空气污染防治等问题的过程中,需要对大气边界层的结构特征有深入的了解。与流体力学中称固壁附近的边界层为"平板边界层""机翼绕流边界层"等类似,大气边界层也常常被称为"行星边界层",因为它是处于旋转的地球上的。

处于大气边界层中的大气受到各种作用力的综合影响而发生流动,从而产生风。这些作用力包括真实作用于大气的力[2]:气压梯度力和摩擦力;因为坐标系随地球一起旋转所呈现的视示力:科里奥利力(气象上一般称为地转偏向力);以及空气作圆周运动时的视示力—离心力。所谓视示力,就是实际不存在但表现像一个真实的力。

2.2.1　气压梯度力

气块各个表面都受到气压的作用,当气压分布不均匀时,一定有一个净压力作用在气块上,这个净压力就是气压梯度力(pressure gradient force)。把气块视为一个微立方体,其体积为 $V = xyz$,质量为 $m = \rho xyz$,则作用在 A 面上的压力为

$P_A = p_x yz$，则作用与 B 面上的压力应为 $P_B = -(-p_x + \delta p_x)yz$（负号表示方向相反），因此大气作用于气块垂直于 x 轴的两个面上的静压力为

$$P_x = P_A + P_B = -\delta p_x yz \tag{2-1}$$

同理可得大气作用于气块垂直于 y 轴和 z 轴的静压力分别为 $-\delta p_y xz$ 和 $-\delta p_z xy$，三者的向量和为

$$P = P_x i + P_y j + P_z k = -\delta p_x yz - \delta p_y xz - \delta p_z xy = -\left(\frac{\delta p_x}{x} + \frac{\delta p_y}{y} + \frac{\delta p_z}{z}\right)xyz \tag{2-2}$$

则气压梯度力为

$$G = \frac{P}{m} = -\frac{(\nabla p)xyz}{\rho xyz} - \frac{1}{\rho}\nabla p \tag{2-3}$$

式中，$-\nabla p$ 即为气压分布不均匀造成的气压梯度。气压梯度力与气压梯度成正比，与空气密度成反比，方向为由高压指向低压。

在大气中，气压梯度力是唯一的驱动风的力，如图 2-1 所示。其他的力，如摩擦力、科里奥利力和惯性离心力，在风速为零时就消失。他们可以改变既有风的风速和风向，但不能使风从静止状态下产生。

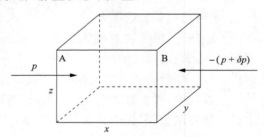

图 2-1　气块受到的气压梯度力

2.2.2　摩擦力

贴近地面，风受到地球表面的拖曳力，即是地面摩擦力。地面以上，气团之间的混乱运动（湍流）和空气交换造成气层之间的摩擦力，俗称湍流摩擦力，它与空气密度成反比。地面摩擦的阻滞作用借助于湍流运动，以湍流摩擦力的形式向上传递。也就是说，上层空气的运动，也间接受到地面摩擦的影响。摩擦力随风速增加而增大，作用方向与风向相反，即摩擦力使风变慢。

湍流摩擦力的影响随离地高度而减小，因此风速离地而逐渐增大，摩擦影响的气层叫摩擦层（或行星边界层、大气边界层），大致为向上到 1km，但由于不规则地

形,这个高度也在变化。在摩擦层中,几十米以下,摩擦力近似不变,称为近地面层(surface layer);再往上到摩擦层顶,随高度增加摩擦力逐渐减小到零,称为上部摩擦层或埃克曼层(Ekman layer)。摩擦层以上的大气层称为自由大气。

2.2.3　科里奥利力

设想一架飞机从北极向赤道 O 点(飞机与 O 点连接垂直于赤道)匀速飞去,如果地球不自转,站在 O 点的人会看到飞机最终会到达 O 点。考虑实际情况,地球是自西向东绕地轴自转的,因为水平方向上飞机没有受到外力作用,地球的转动对飞机的运动没有影响,但站在赤道上 O 点的人随地球一起转动,他看到飞机并没有作直线运动向他飞来,而是飞机好似受到什么作用力使其运动方向偏向航线的右侧(在南半球则偏向航线左侧)。这个视示力就是科里奥利力(Coriolis force),也称科氏力,因法国科学家科里奥利(Coriolis,1792—1843)给出了数学表达式而得名。

地球的自转产生的科里奥利力,使得运动的气团偏离气压梯度方向,因此这种力也称为地转偏向力。这种力垂直于运动方向,在北半球使得运动偏向右边,而在南半球则偏向左边。在 y 方向上(正北)的单位质量空气受到的科氏力 F_{cy} 与 x 方向的风速 v_x 的关系可写为

$$\frac{F_{cy}}{m} = -f_c \cdot v_x \tag{2-4}$$

在 x 方向(正东)的单位质量空气受到的科氏力 F_{cx} 与 y 方向的风速 v_y 的关系也可写为

$$\frac{F_{cx}}{m} = -f_c \cdot v_y \tag{2-5}$$

式中,科氏参数(或地转参数) f_c 定义为

$$f_c = 2 \cdot \omega \cdot \sin\phi \tag{2-6}$$

式中,ω 为地球自转角速度;ϕ 是地理纬度。对于任何固定的地点,科氏参数是常数,在中纬度它的大小为 $f_c = 10^{-4} s^{-1}$。

科里奥利力使任何方向运动在北半球偏向右方,偏折大小决定于地球的转动速度、纬度、物体速度、物体质量。另外,科里奥利力方向与风向垂直,只影响风向,而不影响风速。

科里奥利力表现象一个真实的力,在北半球使运动偏向右,这对地球上运动的任何物体都有。实际因为科里奥利力太小,或者运动尺度小、或者作用距离短,看不到科里奥利效应。只有风吹过大的区域,这种效应才明显。

2.2.4　离心力

从牛顿运动定律知道,除非运动物体受到力的作用,否则它会保持直线运动。这个力改变物体的运动方向和运动轨迹,称为向心力,它是因与其他力不平衡而产生的。

离心力是与向心力方向相反的视示力,它会把物体向外拉离圆周运动的中心。单位质量物体所受离心力的大小为

$$\frac{|F_{CN}|}{m} = \frac{v^2}{r} \tag{2-7}$$

式中,r 是运动圆周的半径;v 是物体作圆周运动的速度的大小(速率)。

当风速小,而且空气作小曲率(大半径)运动,那么离心力就弱,与其他力比较,可不予考虑。但当风速很大,而且运动半径小,则离心力就大,这样的情况在大气中有龙卷风和台风等例子。

2.3　大气边界层的基本特点

2.3.1　大气边界层的垂直分层

当大气在地表上流动时,各种流动属性都要受到下垫面的强烈影响,由此产生的相应属性梯度将这种影响向上传递到一定的高度。不过这一高度一般只有几百米到一二公里,比大气运动的水平尺度小得多。在此厚度范围内流体的运动具有边界层特征。在大气边界层中的每一点,垂直运动的速度都比平行于地面的水平运动速度小得多,而垂直方向上的速度梯度则比水平方向上的速度梯度大得多。此外,由于地球自转的影响,水平风速的大小在随高度变化的同时,方向也随之变化[1]。

大气边界层的厚度差异性很大,晴天白天高度可达 1～2km,而夜间当地面强烈冷却时,可能只有 100 m 的量级。平均而言,可认为大气边界层厚度量级为几百米或 1 km[3]。大气边界层垂直结构可简单地分为上下两层,即近地层和上部摩擦层(Ekman 层),如图 2-2 所示。在大气边界层之上,大气受下垫面的影响可以忽略不计,气压梯度力和科氏力达到平衡,称为自由大气。

近地层为大气边界层中近地面最下部约 1/10 的厚度内(该层底部实质上也含有一个厚度非常小的黏性副层,典型厚度为几厘米,通常在实际问题中不予考虑)。该层内大气运动呈现明显的湍流性质,湍流输送占有主导地位。由于近地层中湍流强烈混合的结果,该层内各物理量属性的垂直输送通量近似为常值,故也称为常

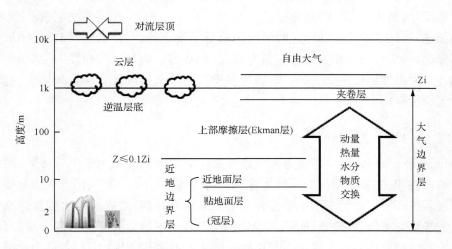

图 2-2　大气边界层垂直分层

通量层。近地层中的大气受下垫面切变和日照加热的强烈影响,气象要素随高度变化激烈,运动尺度小,科氏力及气压梯度力可忽略。

　　近地层之上的上部摩擦层内,科氏力和气压梯度力共同制约着气流的运动,气压梯度力不随高度变化并几乎等于天气尺度值,由此可得著名的 Ekman 风速螺线,这一层常称为 Ekman 层。

2.3.2　大气边界层的湍流性

　　大气边界层有别于其上的自由大气的基本特点就是其运动的湍流性。大气边界层的雷诺数(Reynolds,Re)相当大,流体几乎总是处于湍流状态,而且湍流度很大,可达 20% 左右。自由大气中有时也有"晴空湍流"的存在,但不像边界层中湍流是始终占主导地位的流动。大气边界层的湍流运动主要由下垫面和热力的共同作用而导致。

　　在地表空气运动速度为零;在海面,海水流动的速度相对于空气而言也非常小,因而在海面也可近似看成风速为零。而在这个零风速与边界层某个高度处的某个风速之间就会产生巨大的风切变。按照流体力学的混合长理论,风切变越大,则由流点垂直位移形成的扰动速度也会越大,即越容易形成湍流。由于下垫面切变产地的湍流称为机械湍流。不同的下垫面如沙漠、山地、平原、植被、城市、水面等有不同的粗糙度,产生的风切变大小也不尽相同,因此下垫面是大气边界层湍流的一个重要成因。

　　大气边界层湍流的另外一个重要产生原因是日照加热产生的热力湍流。地表白天吸收强烈日光辐射,使表面增温强烈,在地表与大气间形成了一个强的超绝热温度梯度,对做向上(向下)垂直运动的气块形成一个正(负)的净浮力,使垂直运动得到加速,加剧了湍流运动。此时温度层结是不稳定的。夜间地表因长波辐射而剧烈降温,形成与白天相反的垂直温度梯度,造成与白天相反的净浮力,减弱垂直运动。此时温度层结是稳定的。这种由温度层结形成的湍流运动称为热力湍流,是大气所特有的。

2.3.3　大气边界层的日变化

　　根据前一节可知热力湍流是大气边界层中湍流的重要成因之一,而热力湍流与日照加热相关,具有明显的日变化特性。具体地说,白天和夜间的大气边界层结构有显著的不同。白天由于地表接收太阳辐射后被加热,边界层内的湍流运动使得这些热量向上传递,空气处于不稳定层结状态,这时的边界层称为混合层(有时也称为对流边界层),其厚度可达几百米甚至几千米;而夜间则相反,地面因长波辐射冷却后,热通量是向下的,空气处于稳定结层状态,这时的边界层称为稳定边界层或夜间边界层,厚度只有二三百米左右,如图 2-3 所示。

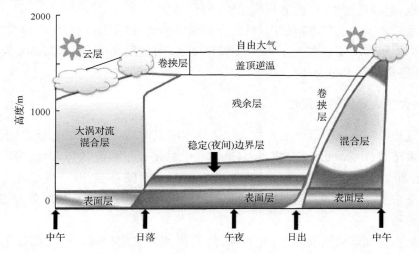

图 2-3　陆地大气边界层发展的日变化

　　由大气边界层的日变化特性可知,白天大气边界层中的湍流由下垫面的切变产生的机械湍流和日照加热引起的热力湍流共同组成,形成强烈的对流混合层,湍流度较大。夜晚则只有下垫面的切变产生的机械湍流,边界层较为稳定,湍流度较小。由于大气边界层上述日变化特性的影响,导致地面热通量、风速等相关的一些参数也表现出明显的日变化特性[3]。

2.4 湍 流

风是一种大气边界层运动,而大气边界层内运动的主要特点就是其湍流性,也就是说风也是一种湍流现象。

2.4.1 湍流现象与雷诺实验

自然界中,物质一般具有三个形态:固态、液态和气态,固体是具有一定体积和一定形状,质地较坚硬的物体,液体和气体没有一定形状,易流动,流体的流动有两种形式:层流和湍流[4]。1883 年,雷诺将一根又长又直的圆玻璃管水平放置,并仔细地不使玻璃管受到震动,将水缓慢、均匀地注入,然后在管子入口处注入染色的细流,实验发现,如果玻璃管中水的流动足够慢,染色的细流由玻璃管的入口到出口维持一条完整的直线,从玻璃管外看到的带颜色的细流顺流而下,并不增宽,即染色的细流平行于玻璃管壁流动,与相邻流体间没有相互混合;如果玻璃管中水的流动速度增大,并超过某一速度数值时,染色的细流很快断裂,而且明显与周围未染色的水混合,到玻璃管下游时,玻璃管中的水变成淡淡的颜色,分不出带有颜色的细流了,即染色的细流与整个玻璃管内的流体充分混合,流经任何一点的路径均为不规则的。雷诺把前一种流体的运动类型称为"层流",后一种称为"湍流"。

同时,雷诺还发现了由层流运动向湍流运动转换的判据——雷诺数,即黏性副层尺度 $d \propto v/U$ 与流动特征尺度 L 之比:

$$Re = \frac{LU}{v} \tag{2-8}$$

式中,L 是运动特征尺度(如玻璃管的直径);U 是特征水流速度;v 是分子运动学黏性系数。物理意义上,雷诺数代表了非线性惯性力和黏性力的比值。实验表明,当 Re 小于 2000 时,流体运动显示为层流;当 Re 大于 2000 时,流体运动则为湍流。数值 2000 称作临界雷诺数。

在流体运动中发现的"湍流"这种不规则的运动形式在自然界里处处皆有。例如,舰船的尾部存在湍流漩涡,飞机机翼边界内是湍流运动,地球大气边界层内的大气运动是湍流运动,积云中有湍流运动,对流层上层急流区的运动具有湍流属性(晴空湍流),太阳光球和类星体光球是湍流,星际空间气体云是湍流,太阳风中地球尾迹是湍流,烟囱冒出的烟云是湍流,许多燃烧过程是湍流。现在,化学实验的结果也发现有化学湍流,广义上讲,生态学中种群不规则变化、固体中形态极不规则的各种凝聚态等都是湍流。所以说,湍流是普遍存在的客观事实。

2.4.2　湍流的四个重要概念

现代湍流理论中,有几个基本的概念占有核心的地位,它们是经过几代人的努力才逐渐形成的[1],这就是:随机性,涡黏性、级串和标度律。

1. 随机性(randomness)

湍流具有极端复杂和不可预测性,研究者将这个特点提升为随机性这一基本假设。由于随机性,想要了解湍流运动的所有细节是不可能的。基于这一认识,Reynolds 于 1895 年首次提出,可以将湍流运动看成是一种叠加在随时空缓慢变化的平均流动之上的涨落或脉动,从而可以对 Navier-Stokes 方程和流动的连续性方程进行分解。按照传统的解释,湍流运动的随机性是由于外部随机扰动导致的流动失稳并将这些扰动放大而成,外部扰动包括随机扰动导致的流动失稳并将这些扰动放大而成,外部扰动包括随机的外力,边界条件以及热噪声等等。换句话说,传统上认为湍流完全是由流动系统的外来因素引起的,但是,近十几年的非线性动力学研究表明,即使不存在外部扰动,由初始条件的不确定性同样也可以导致非线性动力系统的不可预测性或随机性,这使人们对湍流运动的起因又有了新的认识。

2. 涡黏性(eddy viscosity)

基于湍流运动也可以传递热量、动量等的事实,Boussinesq 在一个世纪前就提出可以和分子运动论类比,引进了"涡黏性"的概念,其含意是这种黏性效应是由于类似分子的涡旋的运动引起的。当时,经 Maxwell 和 Boltzmann 等人的工作,分子运动的统计力学处理已相当成熟,而湍流的理论研究才刚刚开始,Boussinesq 借鉴统计力学成果是很自然的。后来,Chapman 和 Enskog 等人又进一步发现,当流体宏观运动的尺度远大于分子微观运动的尺度(平均自由程)时,分子运动对于流体运动力学的主要影响主要在于扩散动量,削弱速度梯度,这些结果对湍流研究都有启发意义。

再后来,Prandtl 作进一步类比,提出湍流中涡旋的运动也有一个类似于分子平均自由程的特征尺度 l,他称之为"混合长",从而可以仿照计算分子动力黏性系数 v(正比于分子平均运动的速度乘以平均自由程)的公式,确定涡黏性系数 v_e,即等于湍流脉动速度的均方根 V_{rms} 乘以混合长 l。其实 Pramdtl 的思想本质上就是认为湍流中小尺度的涡旋对大尺度涡旋的作用是一种扩散作用,涡黏性系数起到 v_e 削弱湍流平均速度梯度的效果,比值 $v_e/v \sim V_{rms}l/v \sim Re$,所以湍流扩散的能力与分子扩散的能力的比值随着 Re 的增加而加大。或者说,湍流的扩散作用比起层流来要大得多,这就是为什么我们有时候需要利用湍流的道理。例如在大气层边界层中,白天湍流发展很旺盛,平均风速梯度被大大削弱,除紧靠地面的强剪切区外,风速分布随着高度变化很小;而在晚上,由于大气温度层接的稳定作用使湍流受到抑制,风速梯度较大并维持到很高的范围。湍流扩散不仅比层流扩散(分子扩散)更有效地运输能量、热量等,而且扩散动能的速度也要快得多。

3. 级串(csacade)

这是一个非常重要的概念,由于非线性相互作用(即 Navier Stokes 方程中的非线性 $u \cdot \nabla u$) 湍流中存在着尺度之间的逐级能量传递,一般是大尺度涡旋向小尺度涡旋输送能量。关于湍流中的级串,有一首诗广为流传,它的作者是著名的气象学家、数值天气预报的创始人 L. F. Richardson,写于 1922 年:

> 大涡用动能哺育小涡。
>
> 小涡照此把儿女养活,
>
> 能量沿代代旋涡传递,
>
> 但终于耗散在黏滞里。

在级串过程中,第一级大涡的能量来自外界,大涡失稳后产生第二级小涡,小涡失稳后又产生更小的涡旋,最后,由于 Re 非常大,所以可能的尺度的运动模式都被激发,其中最小的尺度由分子黏性和湍流能流密度的大小决定。

4. 标度律(scaling law)

流体运动的控制方程中包含了一些基本的对称不变性和动力学守恒原理。对称操作包括平移、旋转以及能量守恒等。这些对称不变性和守恒原理会导致许多有意义的结果,这是众所周知的。但是在湍流运动中,除此之外,还有一个重要的特点,就是存在尺度(或标度)不变性。这是一种新的、在 Re 很大时才出现的宏观对称性。实际上,在相变和临界现象以及旋转大气中都存在类似的尺度不变性。既然这是一种普遍现象,因而有普通的规律,即标度律。

2.4.3　大气湍流的基本特性

大气和一般流体的不同之处在于大气始终处于旋转的地球之上,大气的密度、温度、速度等都是不均匀的,随高度不断变化。同时,大气有不同尺度的旋涡,空间特征尺度大到地球半径尺度,小到毫米尺寸,量级相差可达 10^{10};时间特征尺度则从数秒到数千天,跨度也非常大。大气雷诺数是很高,这些都是研究大气湍流与一般流体湍流的重要差别之一。

大气湍流的基本特征包括[4]:随机性—无规运动、非线性、扩散性、耗散性、间歇性、湍流的多尺度性等。

(1)随机性—无规运动:大气湍流的随机性有其独特含义。时间上,大气湍流的形态随时间呈非周期的变化;空间上,大气湍流是无规则的运动,运动轨迹不可预测。这里的无规则并非噪声的无规则,而是有一定统计规律的、具有确定意义的随机性。从运动学的角度,大气湍流运动必定是不可预测的;从统计学的角度,大气湍流可以用确定的微分方程或者演变规律进行描述。

（2）非线性:大气湍流是高度非线性的大气运动,当大气流动达到一定的运动形态或者某一物理量数值达到或超过临界值时,流动中的扰动会自发增长,扰动幅度增加。

（3）扩散性:大气湍流可以引起动量、热量、水汽和物质的迅速混合和传递。大气湍流具有很强的扩散能力,比分子运动强得多,对大气中的热量、水汽和物质等的输送有着关键性的作用。

（4）时—空四维特征:空间三维涡旋运动＋时间变化。

（5）耗散性:耗散性是大气湍流发生的必要条件。对于一个具有开放性质的大气系统,其外部和内部不断有物质和能量的交换,因其内部有耗散性质,才能把进入系统的动能转换成内能,构成新陈代谢。大气湍流运动具有耗散性,由于分子黏性作用要耗散湍流能量,湍流需要从外界不断汲取能量才能得以维持,不同尺度湍流之间靠串级输送来维持。大气湍流是外部条件不断变化（控制参数不断变化）、形态不断演变的结果,反映的是大气流动的性质,不是介质的性质。

（6）记忆特性（相关性）:湍流运动在不同的时刻或者空间不同点上并不是独立的,而是有相互关联,但这种关联随着时间间隔或空间距离的增大而变小,最后趋近于零;

（7）间歇性:大气湍流不同尺度的涡旋并不是充满整个空间的,在空间上可能存在不连续性,在时间上也可能存在时有时无的现象,称之为大气湍流的间歇性。大气湍流运动的间歇性具有内间歇性和外间歇性。内间歇性是指充分发展的湍流场中某些物理并不是在空间或时间序列的每一点都存在,即有奇异性;外间歇性是指湍流区与非湍流区边界的不确定性。

（8）连续介质的宏观运动:大气湍流与一般流体力学的运动相比,相同的是"连续介质"运动属于流体质点,宏观小—微观大;不同的是强调了大气湍流的随机性是一种"宏观运动"。但是,大气湍流与布朗运动、分子运动涨落类的微观随机运动有区别。

（9）初、边条件的敏感性:这里指两个流体运动,其流动的初条件稍有差别,最终导致流动轨迹有很大的变化。因此,无论流动初条件的资料如何精确,对大气流动只能在短时间内进行预测,而不能做长时间的预测。

（10）湍流的多尺度性:大气湍流的尺度范围很广,大气中充满了大大小小的涡旋,这些涡旋是以高频扰动涡为特征的有旋三维运动,有时也可能是准二维的。不同的大气流动过程中,其湍流能量往往集中在某几个不连续的尺度范围内,不同尺度范围的湍流涡旋在不同的大气流动过程中的作用不尽相同。

另外,大气湍流具有拟序结构的特征,即虽然大气湍流的发生时间和空间具有随机性,但一经发生即按一定次序继续发展为特定状态。实验表明,在大气不稳定边界层和近中性边界层中都存在着这种大尺度的相干结构。这说明大气湍流运动并非是完全无序的、无内部结构的运动。

大气湍流因其复杂性,至今没有确切的定义,其描述也多是根据大气湍流性质进行的。例如,《大气科学辞典》是这样描述大气湍流的:流场中任意一点的物理量,如速度、温度、压力等均有快速的大幅度起伏,并随时间和空间位置而变化,各层流体间有强烈的混合。流体运动性质与雷诺数的大小有关,当雷诺数超过某个临界值时,流体运动失去稳定性而形成湍流。大气中的运动黏度值很小,雷诺数很大,经常存在湍流。湍流是有旋的三维涡旋脉动,这是湍流运动区别于其他无旋湍流的不规则波动的特性之一。湍流是由流体力学方程控制的连续运动,并具有耗散性。《大气科学名词》给出大气湍流更为简洁的解释:空气质点呈现无规则的或随机变化的运动状态。这种运动服从某种统计规律,Hinze 给出,湍流是流体的一种随时间和空间的随机流动形式。大气湍流就是气流在三度空间内随空间位置和时间的不规则涨落。伴随着气流的涨落,温度、湿度乃至于大气中各种物质属性的浓度及这些要素的导出量都呈现为无规则的涨落。大气湍流通常为高雷诺数湍流。

2.4.4　大气湍流的产生和维持

从能量角度看,大气湍流的能量来源于机械运动做功和浮力做功,前者是指在有风速切变时,湍流切应力对空气微团做功,后者则是指在不稳定大气中,浮力对垂直运动的空气微团做功,使湍流增强;在稳定大气中,随机上下运动的空气为微团要反抗重力做功而失去动能,使湍流减弱。大气湍流的产生和维持主要有三大类型[4]。

(1)风切变产生的湍流:在近地面层中,地面边界起着阻滞空气运动的不滑动底壁的作用,风速切变很大,涡度因而也大,流动是不稳定的,有利于湍流的形成。湍流一旦形成即通过湍流切应力做功,源源不断地将平均运动的动能转化为湍流运动的动能,使湍流维持下去。因而,在最靠近地面的气层中,大气一直维持湍流运动。

在地形有起伏的地方,如森林、建筑物或山地和丘陵河谷的地方,不滑动底壁是三维的。由于这些障碍物对气流的阻挡作用和切应力的作用,产生流动脱体和涡旋,具备触发湍流和能量补充的条件,因此大气流动始终是湍流的,而且往往很强。

(2)对流湍流:白天地面受太阳强烈加热,大气边界层中产生对流泡或羽流。表面上看,对流泡或羽流的流动是有组织的;实际上,各个单体出现的时间和地点却是随机的,表现为湍流状态的流动。由于流动的不稳定性和卷夹作用,热泡也会部分地破碎为小尺度湍流。对流湍流的能量来源是直接或间接地通过浮力做功取得的。除此之外,积云、积雨云及密卷云中的湍流也是对流湍流的一种,它们的出现还和云中水汽相变过程有关。

(3) 波产生湍流:大气呈稳定层结时,湍流通常较弱甚至消失。但稳定层结下的大气流动经常存在较强的风切变,这时会产生切变重力波。当风切变够大时,运动称为不稳定的状态,流动随着波动振幅增大而破碎,破碎波的叠加便构成湍流。湍流一旦形成,上下层混合加强,风的切变随之减弱,流动又恢复到无湍流状态,如此往复不已。波动产生的湍流往往在空间上是离散的,在时间上是间歇的。它常常出现在夜间的稳定边界层中和白天的混合层顶。对流层晴空湍流的出现也常常和切变重力波相联系。这类湍流的动能最初来自于波动的能量(位能),湍流出现以后也可通过湍流切应力做功直接由平均运动动能得到。

2.4.5 大气湍流的研究方法

1. 雷诺平均

雷诺最早提出,可把湍流运动设想成两种运动的组合,即在平均运动上叠加了不规则的、尺度范围很广的脉动起伏。用数学方法描述就是任意变量都可分解为平均量和湍流脉动量之和。例如,风速矢量水平纵向方向、水平横向方向和垂直方向的三个分量 u、v 和 w,虚位温 θ,压强 p,比湿 q,空气密度 ρ 以及污染物浓度 c 等,可分别写成下列形式:

$$\begin{cases} u = \bar{u} + u', v = \bar{v} + v', w = \bar{w} + w', \\ \theta_v = \bar{\theta}_v + \theta'_v, \\ p = \bar{p} + p', \\ q = \bar{q} + q', \\ \rho = \bar{\rho} + \rho', \\ c = \bar{c} + c'. \end{cases} \tag{2-9}$$

注意,这里雷诺平均中的湍流脉动量是变量与平均量的差值。对(2-9)式中的变量进行平均运算时需遵从一定的法则。理论上,雷诺平均即系统平均。

2. 泰勒冰冻假设

大气湍流是随时间和空间不断变化的,其湍流结构测量应能够反映较大范围空间内的同步性和连续性,但是,在较大空间尺度上,实现多点、长时间测量在技术上难度很大。大气湍流信息的获取易在空间单点上进行长时间的测量。例如,在气象铁塔上进行大气湍流参量测量,能提供空气流经湍流传感器的时间序列资料。然而,大气湍流运动是"三维空间＋时间"的问题,为了解决能够使用时间序列资料研究大气湍流的空间结构问题,泰勒提出湍流的冰冻假设:在满足某些条件时,当大气湍流涡旋流经测量传感器时,可以认为湍流涡旋冻结,这意味着,在空间上某一固定点对大气湍流的观测结果在统计意义上等同于同时段沿平均风方向空间各点的观测。泰勒提出的湍流冰冻假设也称为"定型湍流"假设。泰勒冰冻假设的目的是以单测量点的时间观测,推测湍流场的空间特性,即时间信息换空间信息。或者说。湍流在空间中固定点随时间的变化和给定时间的空间变化是相同的。应注意泰勒冰冻假设的使用条件:湍涡发展的时间尺度大于其被平流携带经过测量传感器所需的时间。实际应用中,当湍流流动形式变化较慢时,时间序列和空间序列可以转化。

　　泰勒冰冻假设建立了固定点湍流的实际变化与空间变化场之间的关系,湍流场在通过该固定点时被冻结。数学上,对于任意变量 ξ,泰勒冰冻假设成立时,有 $\dfrac{\mathrm{d}\xi}{\mathrm{d}t}=0$,湍流是被冰冻的。泰勒冰冻假设的一般表达式为

$$\frac{\partial \xi}{\partial t}=-u\frac{\partial \xi}{\partial x}-v\frac{\partial \xi}{\partial y}-w\frac{\partial \xi}{\partial z} \tag{2-10}$$

式中,u、v 和 w 分别为 x、y 和 z 方向的风速分量。

　　实际应用中,隐含着满足平稳湍流和均匀湍流条件的泰勒冰冻假设一直没有得到严格的证明,而且风速不宜过小,湍流度不宜过大,但是根据实际观测资料的验证,泰勒冰冻假设可以适用于大气湍流和大气边界层研究。

2.4.6　局地均匀各向同性理论与动能串级输送

　　对于均匀湍流和各向同性湍流,假设水平纵向风速 u 沿主导风向方向,v 是水平横向风速,w 是垂直风速,直观上满足各向同性湍流的条件如下:

　　(1) 不同方向的湍流动能相等,即:$\overline{u'^2}=\overline{v'^2}=\overline{w'^2}$;

　　(2) 不同二阶互相关项为零,如 $\overline{u'w'}=0,\overline{w'\theta'}=0,\overline{w'q'}=0$。

　　实际中,大气湍流的观测事实显示:$\overline{u'^2}\geqslant\overline{v'^2}\geqslant\overline{w'^2}$,而二阶相关项 $\overline{u'w'}$、$\overline{w'\theta'}$ 和 $\overline{w'q'}$ 等并不为零,不满足各向同性的条件,呈现各向异性特征。其原因是以湍流运动为主要运动形态的低层大气受到地面(下边界)、大气边界层顶(上边界)的限制,以及大气边界层中流场切变和浮力直接对大尺度湍涡产生影响。湍涡尺度越小,这种影响越弱,直至失去影响。因此,尽管大气湍流不满足普遍的均匀和各向同性条件,但小尺度湍涡的大气运动仍近似符合均匀和各向同性条件,故称作局地均匀各向同性湍流。

湍流能量来源于平均流场的雷诺应力做功以及大气边界层中的浮力做功;而唯一的能汇是由于分子黏性作用将湍流能量转化为分子运动的动能,称为湍流能量耗散。科尔莫戈罗夫认为,湍流是由相差很大、各种不同尺度的湍涡所组成。最大尺度的湍涡区的能量直接来自于平均流场的雷诺应力做功以及大气边界层中的浮力做功。大尺度湍涡从外界获取的能量逐级传递给次级的湍涡,最后在最小尺度的湍涡上被耗散掉。实际上,大尺度湍涡往小尺度湍涡的动能输送是通过自身的破碎来实现的,而所谓湍流动能耗散,即指在分子黏性作用下湍流动能转化为气体内能的过程。在串级传输的过程中,小尺度的湍涡达到某种统计平衡状态,并且不再依赖于产生湍流的外部条件,从而形成所谓的局地均匀各向同性湍流。图 2-4 给出了湍流能量串级输送的方向,向下的箭头表示湍能的耗散。

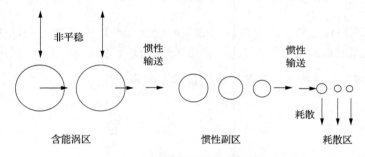

图 2-4　湍流能量的串级输送

科尔莫戈罗夫于 1941 年提出满足局地均匀各向同性的两个相似性假设[4,5]:

科尔莫戈罗夫第一假设:当雷诺数足够大时,存在一个高波数区(高频率区),小尺度湍流只受到惯性力和黏性力的作用,在够小的空间领域内,两点速度差的统计特征除空间距离外只与湍流耗散率 ε 和分子黏性系数 υ 两个参数有关。该尺度区域称为平衡区(耗散区)。也就是说,平衡区内的传输率和耗散率相等,有黏性;湍流特征仅由湍能耗散率 ε 和分子黏性系数 υ 决定。根据量纲分析,其特征长度 η、特征速度 u_η 和特征时间 τ_η 可分别表示为

$$\eta = \left(\frac{\upsilon^3}{\varepsilon}\right)^{1/4} \tag{2-11}$$

$$u_\eta = (\upsilon\varepsilon)^{1/4} \tag{2-12}$$

$$\tau_\eta = \frac{\eta}{u_\eta} = \left(\frac{\upsilon}{\varepsilon}\right)^{1/2} \tag{2-13}$$

式中,特征长度 η 也称为科尔莫戈罗夫微尺度,约为 mm 尺度;$\upsilon \sim 1.5 \times 10^{-5} \mathrm{m^2 \cdot s^{-1}}$。

设湍流运动的最大涡旋特征尺度为 L_0,科尔莫戈罗夫第一假设成立的条件是:$L_0 \geqslant \eta$,满足局地均匀各向同性。

科尔莫戈罗夫第二假设:当雷诺数非常大时,小尺度湍流漩涡区有一个特定尺度范围存在的区域,尺度 l 满足 $L_0 \geqslant l \geqslant \eta$;该区域内,在足够小的空间邻域内,两点速度差的统计特征与分子黏性系数 v 无关,只决定于湍流耗散率 ε,区内传输率等于耗散率,无黏性。该尺度区域称为惯性副区。根据量纲分析,惯性副区的湍流能量一维空间频谱 $E(k)$ 可由湍流耗散率 ε 和波数 k 表示为

$$E(k) = a\varepsilon^{2/3}k^{-5/3} \tag{2-14}$$

式中,系数 a 由实验确定。

引入欧拉系统定点测量观测到的湍流涡旋的频率 n,根据泰勒冰冻假设 $k = 2\pi n/\bar{u}$,惯性副区的一维时间频谱可表示为

$$S(n) = a\varepsilon^{2/3}n^{-5/3} \tag{2-15}$$

根据湍流运动性质和能量输送关系,将湍流能谱分为三个子区:含能涡区、惯性副区和耗散区,如图 2-5 所示。

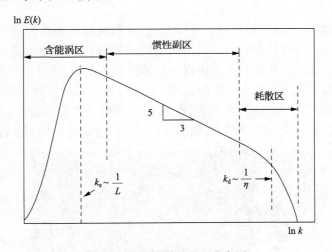

图 2-5　湍流能谱的子区分布图

(1) 含能涡区:空间尺度和湍涡尺度较大,属各向异性,通常非平稳、非均匀、非定常。大气运动的平均场通过雷诺应力和浮力做功向这个子区传输能量。也就是说,含能涡区从平均场获取湍流能量,并向小尺度湍流涡旋区域传送,不考虑湍流黏性耗散。含能涡区的气象要素随时间的变化有较强的相关性。含能涡区是湍流动能机械和热力作用的主要频谱区间,能谱可达到最大值。

(2) 惯性副区:涡涡尺度小于含能涡区,属于符合局地均匀和各向同性的小尺度湍流中尺度稍小的子区。惯性副区中的湍涡将从含能涡区传送过来的能量,通过逐级传输方式,从较大尺寸湍涡传输到较小尺度湍涡。惯性副区内,各种尺度湍

涡的湍能耗散可以忽略不计。惯性副区内没有显著的湍流能量产生或耗散,湍流能量只是通过惯性力从低波数(较大尺度湍涡)向高波数(较小尺度湍涡)输送,并在压力脉动的作用下在空间均匀分布。

(3)耗散区:湍涡尺度最小的子区,湍能耗散随湍涡尺度的减小而增加,较大尺度湍涡传送过来的部分能量能传送到较小尺度涡旋。最终,最小尺度的湍涡将上一级尺度湍涡传来的湍能完全耗散。也就是说,湍流能量从惯性副区进入耗散区后,被黏性所消耗。

2.4.7　湍流的间歇性

间歇性(interminttency)是湍流的重要特征之一,它是流体作为连续介质在作湍流运动时表现出来的一种独特的运动属性,已被大量的实验所证实。湍流的间歇性有两种不同的类型:即外间歇性[6,7]和内间歇性[8,9],下面分别介绍。

1. 外间歇性

从经典的雷诺管道实验中我们可以发现,流动从层流到湍流并不是突然发生的,而是要经过一定的转变时期。通常所说的临界雷诺数实际上是指流动保持为层流时的最高雷诺数,或者说开始出现湍流的最低雷诺数,从开始出现湍流到全部发展为湍流,这中间雷诺数有一定的范围,称为转捩区或转变区。在这个区域中,从时间上看湍流与非湍流(层流)是交替出现的;从空间上看,湍流与非湍流共存并且交织在一起,但有明显的分界面,如图 2-6 所示。这就是一种间歇性现象。

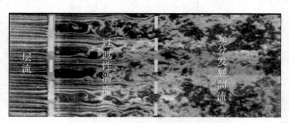

图 2-6　网格后的均匀湍流现象

在湍流边界层的外缘,或者是在烟囱中冒出的浓烟的边缘以及天空中积云与蓝天的交接面上,我们都可以看到这种间歇性现象。近年来发现这种间歇性与混沌现象有着密切的联系。人们正是受层流失稳后经过一个湍流与层流共存的间歇性状态最后发展成为发达湍流这一事实的启发,通过类比将非线性动力系统中阵发性地出现混沌的现象也命名为间歇性。

上面所描述的间歇性现象主要发生在人们可以直接观察到的湍流与非湍流的不规则交界区域,它主要与流动的外部边界条件或流动的大尺度结构有关,因此称为外间歇性,以区别于下面即将介绍的另一种不同类型的内间歇性。

近年来,人们发现外间歇性与某些确定性或准确定性的行为有关,例如大涡结构或相干结构,尤其是在固壁附近发生的所谓猝发现象。顺便指出,流体中湍流与非湍流的交替出现,非线性动力系统中混沌与非混沌的交替出现,两者之间的联系是目前科学家非常感兴趣的,因为这可能有助于了解湍流的机理。从简单非线性动力学模型中发现的三种典型的间歇性现象,均已在流动实验中被观测到。

2. 内间歇性

与外间歇性不同,实验发现在已经充分发展的小尺度湍流中还存在着另一种间歇性;某些物理量,例如能量耗散率 ε(与速度梯度的平方有关)不是均匀分布在流场中的;相反地,在有些区域非常活跃,在另一些区域则非常微弱;在这种情况对于高阶物理量或者物理量的高阶导数更加明显。这就是湍流的内间歇性,它是首先由 Batchelor 和 Towsend 在风洞实验中发现的,后来被其他多种实验反复证实,也有人称之为湍流的微结构间歇性。内间歇性则可以说是以湍流场中的物理量的变化来判别的,我们一般不能脱离某个具体的物理量(例如能量耗散率 ε,或者涡量 ω)来谈论内间歇性。

Siggia[10] 对 Navier-Stokes 方程直接计算所获得的数值模拟结果如图 2-7 所示。图中 95％能量耗散集中在小圆圈所代表的区域中,说明 ε 具有强烈的奇异性,这也正是小尺度湍流中存在着间歇性的表现。通过测量湍流的能谱,也同样可以发现间歇性现象。

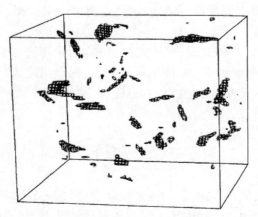

图 2-7　湍流能量耗散率的数值模拟结果[10]

在数值模拟计算的基础上,Meneveau[11] 等人在实际观测中也发现了湍流内间歇性的现象。如图 2-8 所示。从图中可以看出能量耗散率并不等于常数,而是有很明显的起伏或涨落变化,这正是湍流内间歇性的表现,而且还可以看出,Re 越大,间歇性越明显。

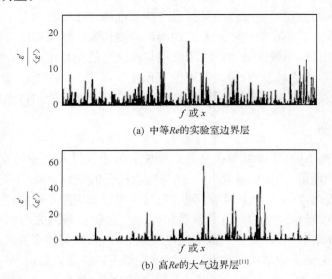

(a) 中等Re的实验室边界层

(b) 高Re的大气边界层[11]

图 2-8　湍流能量耗散率 ε 的某一代表性分量 ε'（无量纲化）的实测结果

　　湍流内间歇性的另一个重要标志是某些统计特征量,例如速度差 $\Delta u(r) = u(x+r) - u(x)$,具有非高斯型的概率分布。根据中心极限定理,一个真正完全随机的均匀各向同性湍流其概率分布应该是高斯型的。湍流的统计性质偏离高斯型分布,正是间歇性的表现,有些学者正是依据此定义间歇性湍流的[1]。Kolmogorov 的相似性理论也是与高斯型一致的,因此偏离 Kolmogorov 相似律（或标度律）也就是间歇性的表现。

　　图 2-9 是 Van Atta 和 Park[12] 的观测资料,图中不光滑的实验曲线都是由 615000 个 $\Delta u(r)$ 数据得到的。从图中可以看出,两点间距离 r 越小,$\Delta u(r)$ 的概率密度分布与 Gauss 分布（光滑曲线）相差越大,陡峭度 K 远大于 3,具有明显的强间歇性随机变量的特征。

2.5　本章小结

　　风是风力发电的能量来源,从物理角度来看,风是一种大气边界层运动,具有湍流的性质。本章介绍了一些关于大气边界层运动及湍流的基础知识,有助于加深读者对风的物理本质的认识,同时也为后文中相关的风电不确定性研究奠定了一定的理论基础。

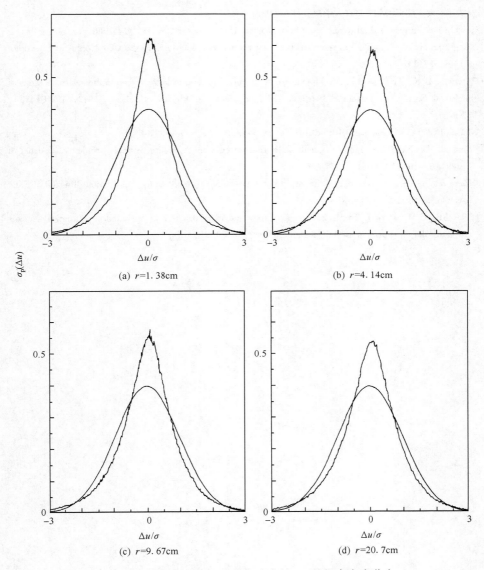

(a) r=1.38cm

(b) r=4.14cm

(c) r=9.67cm

(d) r=20.7cm

图 2-9　湍流中相距 r 的两点速度差 Δu 的概率密度分布

参 考 文 献

[1] 胡非. 湍流,间歇性与大气边界层[M]. 科学出版社，1995.

[2] 李万彪. 大气概论[M]. 北京大学出版社，2009.

[3] 赵鸣. 大气边界层动力学(研究生教学用书)[M]. 高等教育出版社，2006.

[4] 张宏昇. 大气湍流基础[M]. 北京大学出版社，2014.

[5] 刘式达. 大气湍流[M]. 北京大学出版社，2008.

[6] Tritton D J. Physical fluid dynamics. Oxford，Clarendon Press，1988，536 p.，1988，1.

[7] Yong-nian H，Ya-dong H. On the transition to turbulence in pipe flow. Physica D：Nonlinear Phenomena 1989；37(1)：153-159.

[8] Batchelor G K，Townsend A A. The nature of turbulent motion at large wave-numbers. Proceedings of the Royal Society of London. Series A. Mathematical and Physical Sciences，1949；199（1057）：238-255.

[9] McComb W D. The physics of fluid turbulence. Chemical Physics 1990，1.

[10] Siggia E D. Numerical study of small-scale intermittency in three-dimensional turbulence. Journal of Fluid Mechanics 1981；107：375-406.

[11] Meneveau C，Sreenivasan K R. The multifractal nature of turbulent energy dissipation. Journal of Fluid Mechanics 1991；224(3)：429-484.

[12] Van Atta C W，Park J. Statistical self-similarity and inertial subrange turbulence. Statistical Models and Turbulence. Springer Berlin Heidelberg 1972：402-426.

第3章　风电方差建模

3.1　引　言

　　风是一种大气运动的形式,而根据大气运动功率谱[1](如图 3-1(a)所示),以 1 小时为分界点可将大气运动分解为 2 个尺度分量,一个是有规律可以预测的平均流(天气过程)尺度,一个是不可以预测的湍流(湍流过程)尺度。实测的风速数据实际上由两部分构成,即小时级平均风速和瞬时随机波动(湍流残差)两部分,即:实际瞬时风速＝小时级平均风速＋湍流部分。如图 3-1(b)所示。

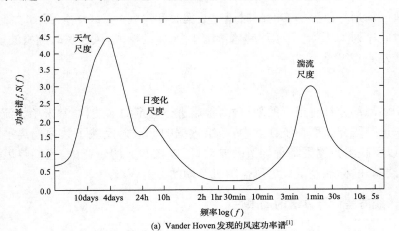

(a) Vander Hoven 发现的风速功率谱[1]

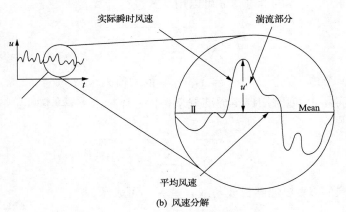

(b) 风速分解

图 3-1　实际瞬时风速的构成

　　根据国家能源局印发的风电场功率预报暂行管理办法中的预测预报要求,风功率预报的时间分辨率为 15 分钟,因此风电场在对风速进行预报时的时间分辨率也为 15 分钟。而根据香农采样定理,这个时间尺度下的风速是一种小时级的平均风速,电力系统在确定备用容量以及实时调度控制时都针对的是小时级平均风速。但是真正作用在风力发电机上的风速却是实际的瞬时风速,所以风速瞬时随机波动,即湍流部分产生的影响并未引起关注。电力系统在对风电功率波动进行平抑时一个必备条件就是调节范围的匹配,即需要掌握风功率的波动范围,这就需要对风速的波动范围进行研究,因此本文将研究视角投向风速瞬时随机波动这一部分。

3.2　风　速　方　差

3.2.1　风速方差的定义

　　记风电场运行监测的实时瞬时风速数据时间序列为 $\{\nu(t)\}$,而小时级尺度上的风速时间序列为 $\{\bar{\nu}(t)\}$。则根据实时瞬时风速的构成,风速瞬时随机波动部分,即湍流残差 $e(t)$ 可表示为

$$e(t) = \nu(t) - \bar{\nu}(t) \tag{3-1}$$

　　由于湍流部分具有很强的随机性,很难进行确定的描述,通常采用湍流的一些统计量来进行研究。而在统计学中,一组数据的标准差反映了数据偏离平均值的程度,可以反映出数据围绕平均值的波动,所以在本文的研究中,我们将风速湍流残差(即湍动)的标准差定义为风速随机波动的方差 Var。

3.2.2　传统方差计算方法的局限性

　　在统计学中,总体的标准差 σ 可以用下式进行计算:

$$\sigma = \sqrt{\frac{1}{N}\sum_{i=1}^{N}\left[x_i - \bar{x}\right]^2} \tag{3-2}$$

式中, x_i 表示个体; $\bar{x}$ 为 $\{x_i\}$, $i = 1, \cdots, N$ 的均值。

　　但是在实际中,通常用样本标准差来替代总体标准差,样本标准差的计算公式如下:

$$\sigma = \sqrt{\frac{1}{N-1}\sum_{i=1}^{N}\left[x_i - \bar{x}\right]^2} \tag{3-3}$$

　　按照公式(3-3),风速随机波动的方差 Var 可表示为

$$\text{Var} = \sqrt{\frac{1}{N-1}\sum_{t=1}^{N}e^2(t)} = \sqrt{\frac{1}{N-1}\sum_{t=1}^{N}\left[\nu(t)-\bar{\nu}\right]^2} \tag{3-4}$$

根据公式(3-4)计算风速方差 Var 时,实际上默认为在一段时间内,风速方差是同方差,如图 3-2 所示,假设风速残差时间序列为:

$$\{e(t)\}, t = 1,2,3,\cdots,(m+1)N$$

则按公式(3-4)计算风速方差时,在 $t = 1,2,3,\cdots,N$ 的时间段内,风速方差认为都是相同的,都为 Var_1。以此类推, $t = mN+1,mN+2,mN+3,\cdots,mN+N$ 时间段内的风速方差为 Var_m。但是研究发现风速方差是一种异方差,即在不同时刻,风速的方差是不一样的,如图 3-3 所示。为此,在按公式(3-4)计算方差时,必须令 N 取值较小,但是在用样本标准差替代总体方差的一个重要前提就是 N 的取值要尽可能的足够大,这样围绕 N 的取值产生了一个矛盾。

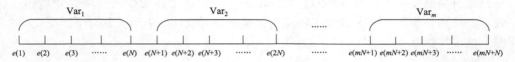

图 3-2　风速方差计算示意图

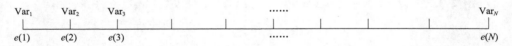

图 3-3　风速异方差示意图

3.2.3　基于小波算法的风速瞬时方差计算方法

对公式(3-4)进行深入的分析,令

$$\text{sd}(t) = e^2(t) = \left[\nu(t)-\bar{\nu}\right]^2 \tag{3-5}$$

则公式(3-4)转化为

$$\text{Var} = \sqrt{\frac{1}{N-1}\sum_{t=1}^{N}\text{sd}(t)} \tag{3-6}$$

令

$$\text{msd} = \frac{1}{N-1}\sum_{t=1}^{N}\text{sd}(t) \tag{3-7}$$

由公式(3-5)及(3-7)可以将风速方差的计算理解为:计算得到风速残差时间序列 $\{e(t)\}$ 后,首先将该序列进行平方,得到序列 $\{\text{sd}(t)\}$,然后选取一个时间窗

口 N，对序列 $\{\mathrm{sd}(t)\}$ 进行一个平均的处理，得到序列 $\{\mathrm{msd}(T)\}$，将该序列开方即可得到风速的方差。在对序列 $\{\mathrm{sd}(t)\}$ 平均处理得到 $\{\mathrm{msd}(T)\}$ 的过程中，实际上是求取序列 $\{\mathrm{sd}(t)\}$ 趋势分量的一个过程。假设 $\{\mathrm{sd}(t)\}$ 的采样间隔时间为 5s，时间窗口 N 取 10min，则得到的序列 $\{\mathrm{msd}(T)\}$ 是序列 $\{\mathrm{sd}(t)\}$ 一个 10min 平均的结果，若 N 取得越大，则最终的风速方差越趋近于同方差；若 N 取得越小，则计算得到的风速方差与真实风速方差的偏差越大。为了解决这个矛盾，在计算 $\{\mathrm{msd}(T)\}$ 的过程中，引入了小波分解算法。

　　小波分析是近年来出现并迅速应用至众多领域的一种工具，成为目前诸多学者公认的时间-频率分析方法，被称为"数学显微镜"。与傅里叶变换进行对比：傅里叶变换中的基函数是正弦函数或者余弦函数，它们在整个实数轴上是全局铺开的，而小波变换的基函数则可以通过平移以及伸缩的过程来多尺度细化信号，从而可以使我们获得到信号在空间域和频率域中的局部信息，换句话说，信号中隐藏的信息通过小波变换可以被有效的分离提取出来。由于小波变换的诸多优势，该方法已经成为科学研究领域以及工程应用领域中不可或缺的数学工具。下面简要介绍小波变换的基本概念[2,3]。

1. 连续小波变换

定义 3.1　设 $x(t) \in L^2(R)$，$\Psi(t) \in L^2(R)$，且 $\Psi(t)$ 满足允许条件

$$C_\Psi = \int_{-\infty}^{+\infty} \frac{|\hat{\Psi}(\omega)|^2}{|\omega|} \mathrm{d}\omega < +\infty \tag{3-8}$$

则连续小波变换定义为

$$\mathrm{WT}_x(a,b) = \int_{-\infty}^{+\infty} x(t)\bar{\Psi}\left(\frac{t-b}{a}\right)\mathrm{d}t,\ a \neq 0 \tag{3-9}$$

式中，a 为尺度参数；b 为平移参数。

　　或者用内积形式记为

$$\mathrm{WT}_x(a,b) = \langle x, \Psi_{a,b} \rangle \tag{3-10}$$

其中

$$\Psi_{a,b}(t) = \frac{1}{\sqrt{a}}\Psi\left(\frac{t-b}{a}\right) \tag{3-11}$$

　　满足上述条件(3-8)的函数 $\Psi(t)$ 则被称之为一个基本小波，$\Psi_{a,b}(t)$ 是由母小波变换生成的连续小波或小波。连续小波具有如下的重要性质。

　　(1) 线性性：若一个信号由多个分量构成，则该信号的小波变换等价于每一个分量信号的小波变换的加和；

（2）平移不变性：若 $x(t) \leftrightarrow \mathrm{WT}_x(a,b)$，则

$$x(t-\tau) \leftrightarrow \mathrm{WT}_x(a,b-\tau) \tag{3-12}$$

（3）伸缩共变性：若 $x(t) \leftrightarrow \mathrm{WT}_x(a,b)$，则

$$x(ct) \leftrightarrow \frac{1}{\sqrt{c}} \mathrm{WT}_x(ca,cb) \tag{3-13}$$

小波变换的重构公式为

$$x(t) = C_{\Psi}^{-1} \int_{-\infty}^{+\infty} \int_{-\infty}^{+\infty} \mathrm{WT}_x(a,b) \Psi_{a,b}(t) \, \frac{\mathrm{d}a}{|a|^2} \mathrm{d}b \tag{3-14}$$

小波变换的尺度参数 a 以及平移参数 b 决定了信号在时域和频域上的局部化特性，不同的尺度参数 a 对应着不同的窗口频率和宽度，很好的适应了实际处理中的需求，能够很好的反映信号中的局部特性。

2. 离散条件下的小波变换

在应用小波变换时，通常采用离散化处理，下面讨论连续小波 $\Psi_{a,b}(t)$ 和连续小波变换 $\mathrm{WT}_x(a,b)$ 的离散化。

一般情况下，a 以及 b 进行离散化时用 $a = a_0^j$，$b = ka_0^j b_0$ 来表示。在此转化下，离散的小波 $\Psi_{j,k}(t)$ 则可以写作下面的形式：

$$\Psi_{j,k}(t) = a_0^{-j/2} \Psi(a_0^{-j} t - kb_0) \tag{3-15}$$

而离散化小波系数可以表示为

$$c_{j,k} = \int_{-\infty}^{+\infty} f(t) \, \bar{\Psi}_{j,k}(t) \mathrm{d}t = \langle f, \Psi_{j,k} \rangle \tag{3-16}$$

基于以上两式，可以立即得到实际数值计算时使用的重构公式

$$x(t) = c \sum_{j=-\infty}^{+\infty} \sum_{k=-\infty}^{+\infty} c_{j,k} \Psi_{j,k}(t) \tag{3-17}$$

式中，c 表示和信号无关的一个常数。

为了使小波变换中时间以及频率的分辨率具有可变性，就需要使 a 和 b 的数值进行变化，以实现"变焦距"的作用。为了实现这一功能，实际应用中通常通过采用二进制动态采样来实现：取 $a_0 = 2$，$b_0 = 1$，此时，离散化小波为

$$\Psi_{j,k}(t) = 2^{-j/2} \Psi(2^{-j} t - k) \tag{3-18}$$

该小波被称为二进小波。

二进小波的"变焦距"功能可以用图 3-4 来说明。图中每一个点所对应的尺度

为 2^{-j}，而相应的平移为 $2^{-j}k$。假设初始的放大倍数为 2^{-j}，要观察信号更小的细节，就要增大放大倍数，即减小 j；如果要观察信号大尺度的部分，则就要减小放大倍数，即增大 j，由此实现了二进小波"变焦距"的功能，被形象地称作"数学显微镜"。

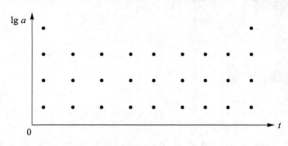

图 3-4　时间—尺度平面内的动态采样网格点

3. 多尺度分析

离散后的小波仍然具有一定的冗余度，为了尽可能地降低小波基的冗余度，我们希望小波簇 $\{\Psi_{j,k}\}$ 能够是一个正交基[4]，从而实现无冗余的展开及重构，而多尺度分析理论恰好提供了能解决这一问题的最有效方法[5,6]。

多尺度分析理论是在 $L^2(R)$ 函数空间内，用一系列近似函数的极限来表示函数 $x(t)$。通过函数 $x(t)$ 在不同尺度条件下的平滑逼近得到一系列逐渐细化的近似函数，所以称之为多尺度分析。该理论在数学中的定义可用下述的公式所示[4]：

定义 3.2　$L^2(R)$ 空间内的多尺度分析可理解为在 $L^2(R)$ 空间内构造一个子空间序列 $\{V_j, j \in Z\}$，使其具有如下性质：

（1）单调性（包容性）。

$$V_j \in V_{j-1}, \quad \forall j \in Z \tag{3-19}$$

（2）逼近性。

$$\text{close}\left\{\bigcup_{j=-\infty}^{+\infty} V_j\right\} = L^2(R), \quad \bigcap_{j=-\infty}^{+\infty} V_j = \{0\} \tag{3-20}$$

（3）伸缩性。

$$\phi(t) \in V_j \Longleftrightarrow \phi(2t) \in V_{j+1} \tag{3-21}$$

（4）平移不变性。

$$\phi(t) \in V_j \Longleftrightarrow \phi(t - 2^j k) \in V_j \quad k \in Z \tag{3-22}$$

（5）Riesz 基存在性。

存在 $\phi(t) \in V_0$，使得 $\{\phi(t - 2^{-j}k), k \in Z\}$ 构成 V_0 的 Riesz 基。

定理 3.1　若 $V_j(j \in Z)$ 代表 $L^2(R)$ 空间中多尺度的一个近似,那么必然会存在唯一的函数 $\phi(t) \in L^2(R)$:

$$\phi_{j,k} = 2^{-j/2}\phi(2^{-j}t - k), \quad k \in Z \tag{3-23}$$

且该函数必定表示 V_j 内的一个标准正交基,其中 $\phi(t)$ 被称之为尺度函数。

同时定义由小波函数 $\Psi(2^{-j}t)$ 所构成的小波子空间,将其定义为

$$W_j = \text{close}\{\Psi_{j,k} : k \in Z\}, \quad j \in Z \tag{3-24}$$

并且在构造正交小波基的过程中,至少应确保

$$V_{j-1} = V_j \bigoplus W_j, \quad \forall j \in Z \tag{3-25}$$

$$V_j \perp W_j \tag{3-26}$$

对所有的 $j \in Z$ 恒成立。式中的 $\bigoplus$ 表示"正交和",从该意义来看,将 V_j 和 W_j 两个子空间可以看做是 V_{j-1} 的互补子空间,并且 W_j 表示 V_j 在 V_{j-1} 上的正交补。W_j 称为 j 尺度小波空间,示意图如图 3-5 所示。

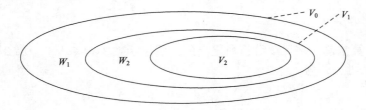

图 3-5　小波空间示意图

显然存在

$$V_0 = V_1 \bigoplus W_1 = V_2 \bigoplus W_2 \bigoplus W_1 = \cdots = V_N \bigoplus W_N \bigoplus W_{N-1} \bigoplus \bigoplus W_2 \bigoplus W_1 \tag{3-27}$$

若令 $x_j \in V_j$ 代表分辨率为 2^{-j} 的函数 $x \in L^2(R)$ 的一个逼近(或者称之为 x 的"粗糙像"),而 $d_j \in W_j$ 代表逼近的误差(称之为 x 的"细节"),那么式(3-27)可表示为

$$x_0 = x_1 + d_1 = x_2 + d_2 + d_1 = \cdots = x_N + d_N + d_{N-1} + \cdots + d_2 + d_1 \tag{3-28}$$

注意到 $x \approx x_0$,所以上式可以写为

$$x \approx x_0 = x_N + \sum_{i=0}^{N} d_i \tag{3-29}$$

式(3-29)表明任何的一个信号 $x \in L^2(R)$ 都可以通过信号的粗糙像以及不同尺度下信号的详细细节完全的实现重构。这即为 Mallat 金字塔式算法的核心思想。

由多尺度分析的性质可知 $\phi(t) \in V_0 \subset V_{-1}$，而 $\{\phi_{-1,k}(t) = \sqrt{2}\phi(2t-k)\}$ 是 V_{-1} 的基函数，所以可以将 $\phi(t)$ 展开为

$$\phi(t) = \sqrt{2} \sum_{k=+\infty}^{-\infty} h(k)\phi(2t-k) \tag{3-30}$$

式中，$h(k)$ 为展开系数。该式被称之为尺度函数的双尺度方程。

同样的，由于 $\Psi(t) \in W_0 \subset V_{-1}$，则利用 V_{-1} 子空间的基函数 $\{\phi_{-1,k}(t)\}$ 可将小波基函数 $\Psi(t)$ 展开为

$$\Psi(t) = \sqrt{2} \sum_{k=+\infty}^{-\infty} g(k)\phi(2t-k) \tag{3-31}$$

式中，$g(k)$ 为展开系数，该式被称之为小波函数的双尺度方程。

由式(3-30)及式(3-31)可以看出，构造尺度函数以及小波函数的过程可以转化为滤波器 $\{h(k)\}$ 及 $\{g(k)\}$ 的设计。

4. Mallat 算法

Mallat 算法基于多尺度分析所提出的。假设函数 $f(t) \in V_{j-1}$，那么该函数在空间 V_{j-1} 上可展开为

$$f(t) = \sum_k c_{j-1,k} 2^{(-j+1)/2} \phi(2^{-j+1}t-k) \tag{3-32}$$

将 $f(t)$ 接着进行一次分解，即投影至 V_j 及 W_j 空间上，则有下面的表达式：

$$f(t) = \sum_k c_{j,k} 2^{-j/2} \phi(2^{-j}t-k) + \sum_k d_{j,k} 2^{-j/2} \Psi(2^{-j}t-k) \tag{3-33}$$

式中，$c_{j,k}$ 表示 j 尺度上的尺度系数，而 $d_{j,k}$ 代表 j 尺度上的细节系数，且满足如下的条件：

$$c_{j,k} = \langle f(t), \phi_{j,k}(t) \rangle = \int_R f(t) 2^{-j/2} \overline{\phi(2^{-j}t-k)} \mathrm{d}t \tag{3-34}$$

$$d_{j,k} = \langle f(t), \Psi_{j,k}(t) \rangle = \int_R f(t) 2^{-j/2} \overline{\Psi(2^{-j}t-k)} \mathrm{d}t \tag{3-35}$$

经过一系列的推导可得

$$c_{j,k} = \sum_n h(n-2k) c_{j-1,n}$$

$$d_{j,k} = \sum_n g(n-2k) c_{j-1,n} \tag{3-36}$$

式(3-36)即为 Mallat 分解的金字塔算法。

类似地,也可以推导出 Mallat 的重构算法:

$$c_{j-1,m} = \sum_k c_{j,k} h(n-2k) + \sum_k d_{j,k} g(n-2k) \tag{3-37}$$

Mallat 分解与重构算法示意图如图 3-6 和图 3-7 所示。

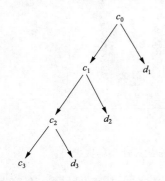
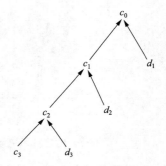

图 3-6　Mallat 分解算法示意图　　　　　　　图 3-7　Mallat 重构算法示意图

在实际中应用 Mallat 算法对信号进行分解时,一般选取原始信号的采样序列作为初始的序列 $c_{0,k}$。每经过一次分解,上一层尺度下的尺度系数会被分解为当前尺度下的尺度系数及细节系数,但是系数的长度会减半,而且采样频率也会减半。由此原始信号被分解为最终尺度下的粗糙像以及各层尺度下的细节信号。

基于小波分析算法的风速方差计算方法具体方法如下:

(1)首先利用小波分解将风电场实时运行监测的风速数据分解至小时级尺度;

(2)根据公式(3-1)计算得到风速瞬时随机波动部分,即风速残差序列 $\{e(t)\}$;

(3)利用公式(3-5)计算残差序列平方后的序列 $\{\mathrm{sd}(t)\}$;

(4)将序列 $\{\mathrm{sd}(t)\}$ 进行小波分解得到最终的尺度信号,将该尺度信号开方即可得到风速瞬时随机波动的方差。

3.3　风速方差的多尺度调幅效应研究

3.3.1　风场实测风速的方差计算

本书以内蒙古某一风电场 2013 年一年的实时运行监测风速数据为研究对象,该风电场实时运行监测数据的采样时间间隔为 5s。图 3-8 为该风电场 2013 年 1 月份的风速数据。

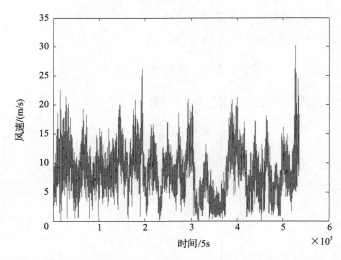

图 3-8　内蒙古风电场 2013 年 1 月份逐 5s 的风速采样数据

　　首先,利用小波分解算法将原始的风速序列分解至小时级的尺度。有文献指出小波基函数选用 db10 小波可以得到比其他小波更好的结果。所以本文在进行小波分解时选取 db10 小波作为小波基函数。原始风速序列的采样时间为 5s,经过 8 层小波分解后的尺度大致为小时级,得到的小时级平均风速如图 3-9 所示。图 3-10 所示为 2013 年 1 月份对应的风速瞬时随机波动部分。

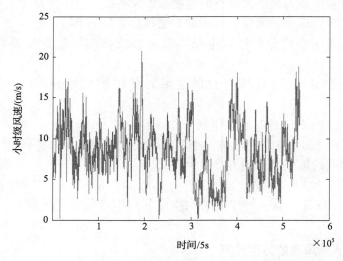

图 3-9　小波分解得到的 2013 年 1 月份小时级平均风速

　　得到风速瞬时随机波动部分的时间序列 $\{e(t)\}$ 后,根据本书中提出的风速瞬时随机波动方差的计算方法进行计算,得到的风速瞬时随机波动的方差如图 3-11 所示。

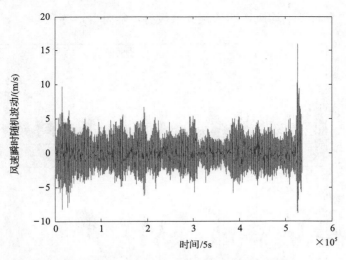

图 3-10　2013 年 1 月份对应的风速瞬时随机波动部分

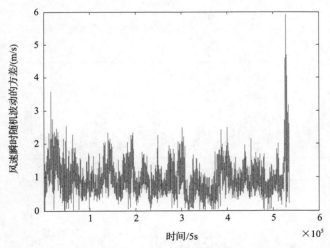

图 3-11　2013 年 1 月份风速瞬时随机波动的方差

3.3.2　风速方差的调幅效应

在计算得到风速瞬时随机波动的方差时间序列后,与对应的小时级平均风速的时间序列进行对比,如图 3-12 所示。从图中可以看出,风速方差与平均风速似乎存在着一种依赖关系,具体表现在:平均风速大的时刻所对应的风速方差也大。为了初步确认这种依赖关系是仅仅 1 月份独有的一种现象还是普遍存在,对 2013年 2 月份的风速方差与对应的小时级平均风速序列也进行相同的对比,如图 3-13所示,可以发现,风速方差与小时级平均风速的这种依赖关系依然是存在的。这说明风速方差与小时级平均风速的依赖关系极有可能是普遍存在的。

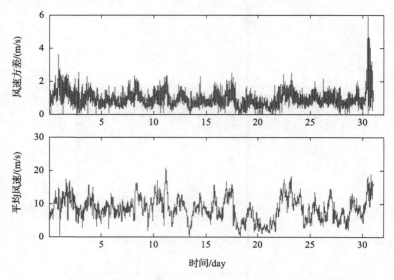

图 3-12　2013 年 1 月风速方差与小时级平均风速的对比图

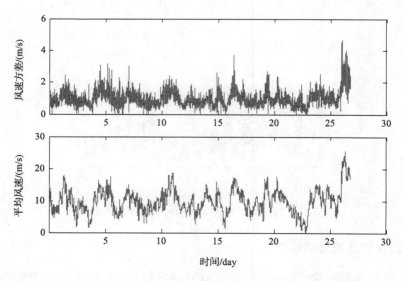

图 3-13　2013 年 2 月风速方差与小时级平均风速的对比图

　　为了挖掘风速方差与小时级平均风速的依赖关系,以小时级平均风速为横坐标,风速方差为纵坐标画图,观察两者之间存在的依赖关系。图 3-14 所示为内蒙古 2013 年 1 月份及 2 月份平均风速与风速方差之间的依赖关系。从图中可以看出,风速方差与平均风速之间存在着一种近似线性的依赖关系。

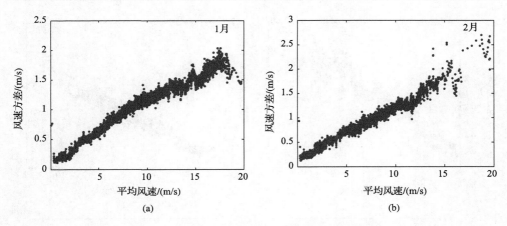

图 3-14　1、2 月份风速方差与小时级平均风速的调幅关系

图 3-15 所示为内蒙古 2013 年 3 月份至 12 月份风速方差与小时级平均风速的依赖关系。

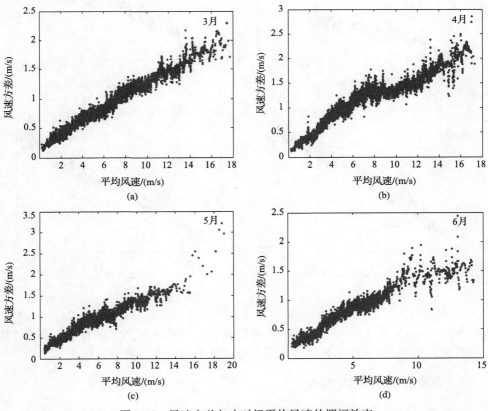

图 3-15　风速方差与小时级平均风速的调幅效应

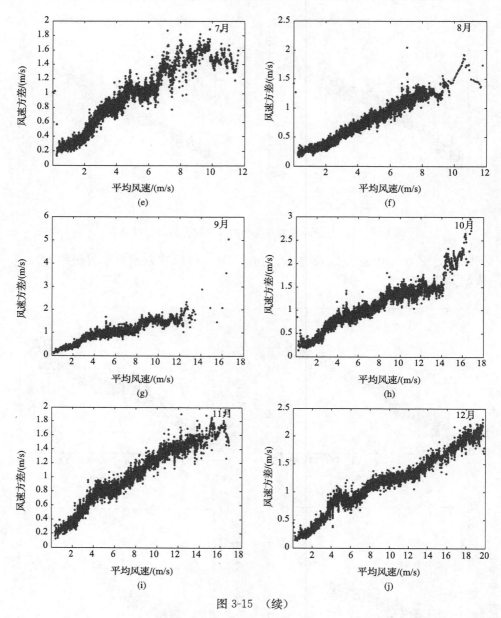

图 3-15 （续）

　　从图 3-14 及图 3-15 可以看出，风速方差与平均风速之间普遍存在一种近似于线性关系的强依赖性，称为风速方差与小时级平均风速的调幅关系。

3.3.3　调幅效应的多尺度特性

　　在前面分析风速方差与平均风速的调幅关系时，平均风速的尺度为小时级，另一个值得关注的问题是该调幅关系是否只存在于风速方差与小时级平均风速之间？其他尺度下的平均风速与风速方差之间是否也存在类似的调幅关系？为此我们将实时运行的逐 5s 风速数据用小波分解算法分解至 10min、20min、40min、80min、160min 及 320min 尺度，然后分析风速方差与平均风速的调幅关系。图 3-16 所示依次为风速方差与 10min、20min、40min、80min、160min 及 320min 尺度下

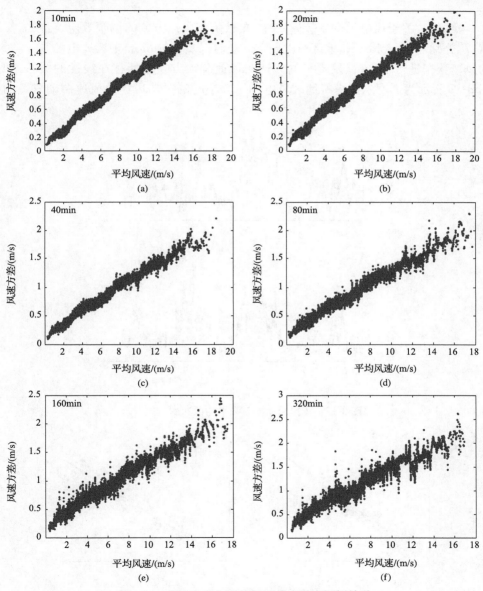

图 3-16　风速方差与平均风速的多尺度调幅关系

平均风速的调幅关系。从图中可以看出,风速方差与平均风速的调幅关系在多尺度下依然存在,这说明风速方差与平均风速的调幅效应存在时间多尺度特性,时间尺度从分钟级可延伸至几个小时。

3.4 风速方差的定量刻画模型

实际上,关于风电的调制效应研究,文献研究风速方差的调幅效应。最初,文献[7]分别对 Heroldstatt 地区风电场 720 小时以及 Nordholz 地区风电场 80 小时的风速数据进行了分析,发现平均风速与风速湍动方差之间存在线性的关系,如图 3-17 所示为黑罗尔茨塔特地区风电场 720 小时的平均风速及风速湍动方差的

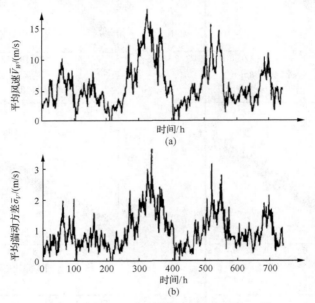

图 3-17 风速湍动方差和平均风速的对比[7]

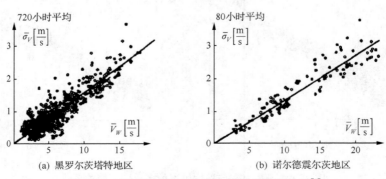

(a) 黑罗尔茨塔特地区   (b) 诺尔德震尔茨地区

图 3-18 风速湍动方差和平均风速的依赖关系[7]

对比图。图 3-18 所示为进一步对平均风速和风速湍动方差之间的对应关系进行
线性拟合的结果。在此基础上,提出了等湍流强度模型,即 $I = \sigma/\bar{v} = k$,其中 I 为
湍流强度模型,σ 为风速湍动方差,$\bar{v}$ 为平均风速,k 为常数。国际电工委员会也发
布了一系列湍流模型的标准,IEC61400-1 于 1994 年发布第一版,于 1999 年发布
第二版,2005 年发布第三版[8,9]并于 2010 年发布修订版;第二版中的湍流模型为
线性湍流模型,分两个设计等级。第三版中对湍流模型进一步完善,分三个设计等
级。2005 版 IEC 标准中依然采用线性方程来拟合平均风速与风速湍动方差的对
应关系,如图 3-19 所示。在此基础上得到的三个等级下的湍流强度模型如图 3-20
所示。丹麦国家风能实验室的 Frandsen 提出了有效湍流强度模型,考虑了环境湍
流强度和风电机组彼此之间尾流产生的湍流强度两部分[10]。

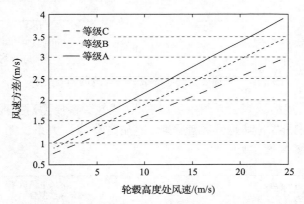

图 3-19　IEC 标准中平均风速与风速湍动方差的关系

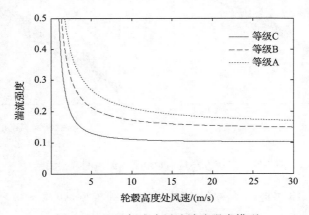

图 3-20　IEC 标准中风速湍流强度模型

式(3-38)为 IEC 最新标准给出的湍流强度模型:

$$TI = \sigma/\bar{v} = k \times \bar{v}^{-1} + b \tag{3-38}$$

式中，I 为湍流强度；σ 为湍动方差；$\bar{\nu}$ 为小时级平均风速；b 和 k 为常数。

　　根据图 3-19 所示的线性关系模型对两个风电场的数据进行拟合，得到了如图 3-21 所示的结果。其中，拟合关系式分别如图右上角所示。

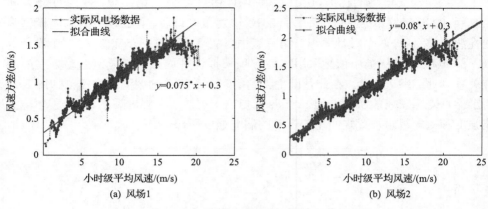

图 3-21　风速方差与小时级平均风速的调制关系

　　实际上，从上述的调幅关系图中可以看出：线性关系模型对上述实际关系的拟合效果并不是最佳的，尤其是低风速区域，明显是非线性关系。图 3-22 所示的非线性关系的拟合效果要更好一些。

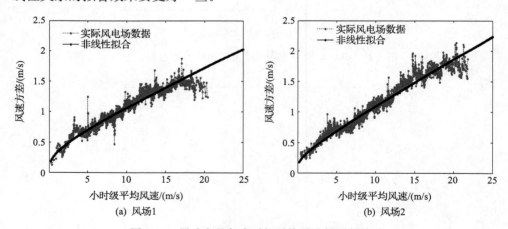

图 3-22　风速方差与小时级平均风速的调制关系

　　在此基础上，本书提出了湍流强度三参数幂律模型，如式 3-39 所示：

$$\mathrm{I} = \sigma/\bar{\nu} = \alpha \cdot \bar{\nu}^{-\beta} + c \tag{3-39}$$

式中，α，β 和 c 是常数，通过实际数据拟合得到。

　　从式（3-39）中可以看出：式（3-38）所示的模型是幂律关系模型的一种特殊情

况,即当 $\beta=1$ 时式(3-39)即可变为式(3-38)。因此,该幂律关系模型具有一定的普适性。图 3-23 所示为三参数幂律关系湍流强度模型的拟合效果。表 3-1 所示为四个典型风电场实测风速数据得到的三参数幂律模型的参数;其中,风场三的数据时间长度为 4 年。其他三个风电场的数据长度为 1 年。从表中可以看出:不同地域的模型参数是不同。

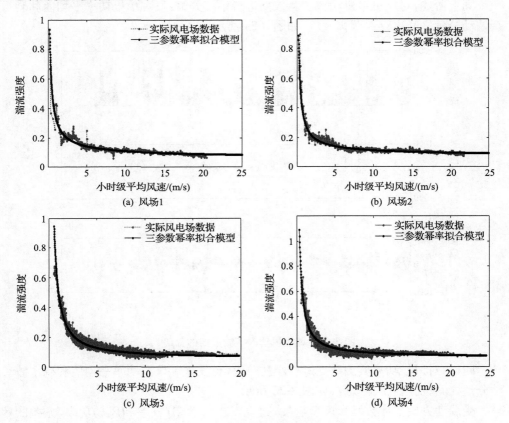

图 3-23　三参数幂律模型拟合效果

表 3-1　不同风场实测风速得到的模型参数

模型参数	中国北方典型区域风速数据			
	东部(风场 1)	中部(风场 2)	中部(风场 3)	西部(风场 4)
α	0.1757	0.2377	0.3751	0.4409
β	0.7624	0.7680	0.9805	1.1397
c	0.0992	0.0714	0.0746	0.0595

3.5　风功率方差不确定性建模

3.5.1　风功率的调幅效应

同上所述,对风机单机功率实测数据进行小波分解,发现单机功率平均值和剩余波动分量之间也存在调幅效应,如图 3-24 所示。

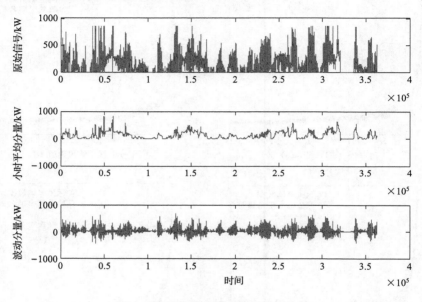

图 3-24　单机风功率实测数据的分解

同样,对风场功率实测数据进行小波分解,也发现了风场功率平均值和剩余波动分量之间也存在调幅效应,如图 3-25 所示。

受湍动方差三参数幂律模型启发,建立了单机功率/方差和风场功率/方差的模型,定义了风功率波动强度 I_P 作为功率波动范围的刻画参量,如式(3-40)所示:

$$I_P = \frac{\sigma}{\overline{P}} \tag{3-40}$$

式中,σ 为风功率波动残差的方差;$\overline{P}$ 为小时平均风功率。

根据二次多项式方法,利用 3σ 原则剔除拟合数据中的野点,对风功率波动强度多尺度建模进行拟合。如图 3-26 所示,单机功率和风场功率的调幅效应模型都可以用式(3-40)来进行拟合。

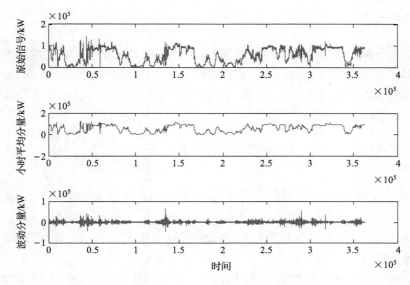

图 3-25　风场功率实际数据分解

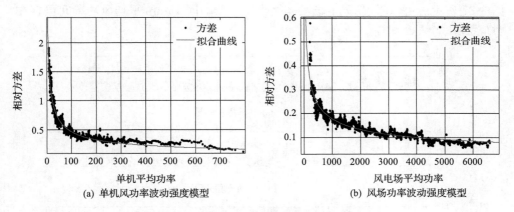

(a) 单机风功率波动强度模型　　　　　　(b) 风场功率波动强度模型

图 3-26　单机风功率和风场功率波动强度模型

3.5.2　风功率调幅效应的多尺度特性

同时发现，风功率调幅效应也具有多尺度特性。基于小波多尺度建模方法，进一步得到不同尺度的波动强度表达式，即分钟级风功率波动强度 I_{Pm} 和秒级风功率波动强度 I_{Ps}，如式（3-41）和式（3-42）所示：

$$I_{Pm} = \frac{\sigma_m}{\bar{P}} \tag{3-41}$$

$$I_{\text{Ps}} = \frac{\sigma_s}{\overline{P}} \tag{3-42}$$

式中，σ_m 是分钟级风功率波动残参的方差；σ_s 是秒级风功率波动残参的方差。

根据二次多项式方法，利用 3σ 原则剔除拟合数据中的野点，对风功率波动强度多尺度模型进行拟合；针对实际风功率波动强度建模给出多尺度幂律普适模型，如式(3-42)和(3-43)所示：

$$I_{\text{Pm}} = \frac{\sigma_m}{\overline{P}} = \alpha_m \times \overline{P}^{-\beta_m} + c_m \tag{3-43}$$

$$I_{\text{Ps}} = \frac{\sigma_s}{\overline{P}} = \alpha_s \times \overline{P}^{-\beta_s} + c_s \tag{3-44}$$

式中，α_m、β_m、c_m 分别为分钟级风功率波动强度拟合常数；α_s、β_s、c_s 分别为秒级风功率波动强度拟合常数；

对原始风电场输出功率信号进行小波分解与重构，得到了风电功率 15min 平稳分量时间序列、分钟级风电功率波动残差序列和秒级风电功率波动残差序列，如图 3-27 所示。可以看出：风电场整体输出功率波动同 15min 平均风功率间仍存在类似关系。

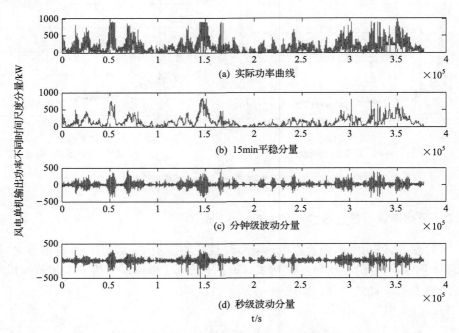

图 3-27　风功率波动方差的多尺度调幅效应

　　图 3-28 所示为多尺度风功率波动强度模型的拟合效果。表 3-2 所示为不同风电场的多尺度模型的参数统计表。可以看出该三参数幂律模型具有普适性,不仅适用风速也适用于风功率波动不确定性估计。

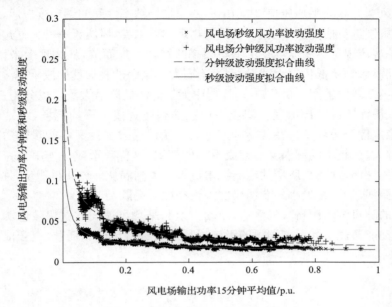

图 3-28　风功率波动强度多尺度模型

表 3-2　典型风电场模型参数统计

| 风场 | 模型参数 | | | | | |
| | 分钟级波动强度模型参数 | | | 秒级波动强度模型参数 | | |
	α_m	β_m	c_m	α_s	β_s	c_s
1	0.0086	0.5927	0.0076	0.0042	0.5409	0.0022
2	0.0123	0.7526	0.0043	0.0059	0.3462	0.0037
3	0.0115	0.4665	0.0129	0.0054	0.4188	0.0085
4	0.0201	0.6752	0.0274	0.0069	0.7408	0.0234
5	0.0251	0.5307	0.0108	0.0102	0.3612	0.0062

　　同风电机组的功率波动方差模型比较,风电场整体功率波动方差模型具有更好的拟合效果。这是由于风电场通常覆盖较大区域,每台机组由于分布位置不同,其波动特性不可能完全相同,风速的变化使得有些机组出力增加,而有些机组的出力则减小,风电场整体的输出功率波动幅度将小于单台风机的功率输出波动幅度。

3.6　风电方差多尺度调幅效应的物理机制

　　得到风速方差与平均风速、风功率方差与平均功率之间的调幅效应后,对其背后的物理机制进行研究。事实上,从风的物理本质来看,风属于一种大气边界层现象,是一种湍流现象。湍流场是由不同频率的扰动叠加而成,从物理上来说,频率高代表小湍涡,频率低代表大湍涡,因而不同大小湍涡的叠加就构成了观测到的湍流场。由第 2 章中的图 2-5 可知,边界层中大气湍流的能谱大致可以分为三部分:含能子区、惯性区以及耗散区。湍流中最大的湍涡直接由平均流场(或平均温度差)的不稳定性及边界条件在含能区产生。大湍涡通过惯性又将能量输送或破裂成较小的湍涡。较小的湍涡又破裂成更小的湍涡,这样就形成一连串无穷多级的大大小小的湍涡,这就是所谓的湍流级串过程。大湍涡从外界获得能量,逐级传递给次级的湍涡,最后在最小的湍涡尺度上被黏性所耗散。

　　风速的随机波动源自大气湍流,波动方差与平均风速间的调幅效应源于风平均运动的动能通过不同尺度湍涡的级串过程逐级进行传递和耗散,遵守能量守恒原理。

3.7　本 章 小 结

　　风是一种大气运动的形式,而根据大气运动功率谱,以 1 小时为分界点将大气运动分解为两个尺度分量,一个是有规律可以预测的平均流(天气过程)尺度,一个是不可以预测的湍流(湍流过程)尺度。本章将研究视角投向风速瞬时随机波动(湍流过程)部分,并定义风速方差对风速瞬时随机波动进行研究。在定义的基础上,基于小波分析理论及 Mallat 金字塔算法提出了风速方差的计算方法。

　　根据本章提出的风速方差计算方法,基于内蒙古风电场 2013 年逐 5s 的实时运行风速数据对风速方差进行计算。同时对风速方差的典型特性进行了研究,研究发现风速方差与平均风速存在多尺度调幅效应。在此基础上,对风电功率方差进行研究,发现风电功率方差与平均功率之间也存在多尺度调幅效应。最后,从风的物理本质的角度出发,对上述特性背后存在的物理机制进行了研究。

参 考 文 献

[1] Van der Hoven I. Power spectrum of horizontal wind speed in the frequency range from 0. 0007 to 900 cycles per hour [J]. Journal of Meteorology, 1957, 14(2): 160-164.

[2] Mallat S G. A theory for multiresolution signal decomposition: The wavelet representation [J]. IEEE Trans on. Patt. Anal. Machineintell. 1989,11 (7): 674-693.

[3] 程正兴. 小波分析算法与应用[M]. 西安:西安交通大学出版社,1998.

[4] 文成林，周东华. 多尺度估计理论及其应用[M]. 清华大学出版社，2002.

[5] 赵松年，熊小芸. 子波变换与子波分析[M]. 电子工业出版社，1996.

[6] Mallat S. A wavelet tour of signal processing [M]. Academic press，1999.

[7] Welfonder E，Neifer R，Spanner M. Development and experimental identification of dynamic models for wind turbines [J]. Control Engineering Practice，1997，5(1)：63-73.

[8] International Electrotechnical，IEC61400-1，Wind Turbine Generator Systems-Part 1：Safety Requirements [S]. Second edition 1999-02. Geneva：International Electrotechnical Commission，1999.

[9] International Electrotechnical，IEC61400-1，Wind Turbines-Part 1：Design Requirements[S]. Third edition 2005-08. Geneva：International Electrotechnical Commission，2005.

[10] Frandsen S T. Turbulence and Turbulence-Generated Structural Loading In Wind Turbine Clusters [J]. Campus Risø，2007.

第 4 章　风电变差建模

4.1　引　　言

从电网实时调度和控制角度来看,风电并网功率随机波动需要依靠电网中的火电机组、水电机组等可调电源实时平抑。为了有效平抑风电并网功率的波动,需要两个条件:一是系统需要配备足够的备用容量,二是可调电源需要足够的调节速度,即风功率波动范围和风功率变化速率。目前,大规模化风电并网后,对电网可调电源备用容量匹配问题研究较多,而针对电网中可调电源的调节速度是否足够研究则较少。通常可调电源加减功率的能力受机组调节速率(generation rate constraints,GRC)的限制,对于火电机组,调节速率限制为每分钟额定容量的2%~5%,对于水电机组,调节速率限制为每分钟额定容量的50%。而风电由于受风的强随机波动性的影响,风电功率的波动速率较大。如果可调电源的调节速度跟不上风电功率的变化速率,则即使有足够的备用容量也仍然无法达到平抑的效果。举例来说,假设系统只包含火电机组且全部参与调频任务,调频速度为机组容量的2%/min,假设接入的风功率输出变化率最大为10%/min,则风电渗透率不能超过20%,否则机组出力变化无法跟踪风电功率波动。因此在平抑风功率波动的过程中,风功率的变化速率是电力系统亟需掌握的关键特性。

电力系统在实际调节控制过程中采用的是离散控制方式,如图 4-1 所示。经济调度控制(economic dispatch control,EDC)和自动发电控制过程(automatic generation control,AGC)的时间间隔分别为 15min 和 15s,在完成当前时间间隔

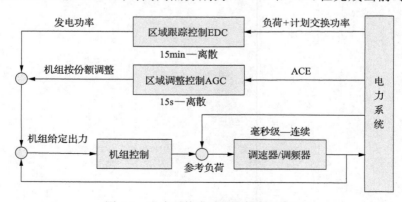

图 4-1　电力系统自动发电控制示意图

内的控制任务后,控制过程自动进入下一个时间间隔,如此周而复始,完成整个控制任务。由此可以看出,电力系统关注的是特定时间间隔下的信息。因此研究风功率的变化速率时,也需要针对性地研究特定时间间隔下的变化量。

在数学中,微分函数常用来表示某一参量变化率,但是微分形式的变化率通常反映的某一时刻瞬时的变化率,而不是特定时间间隔下的变化量。因此本章引入一个新的数学工具——变差分析。

变差分析最初应用在地质统计学中,被用来度量区域变量在某一个方向上一定距离内的变化程度。在后来不断演变的过程中,变差分析成为一个常用的时空分析工具,在其他领域也得到了广泛的应用。本章使用变差函数来分析风速变化率,并基于小波算法建立了瞬时风速变差的计算模型。通过计算风速变差,得到了风速变化速率的一些重要性质,并且对其实际应用进行了一些探讨。

4.2　变差分析方法

地统计学起源于 20 世纪 60 年代,主要是利用随机函数对不确定的现象进行探索分析,并结合采样点提供的信息对未知点进行估计和模拟。地统计学最初主要用于采矿业和石油勘探中,但随着相应理论的发展,越来越多涉及到空间分析的学科求助于地统计学的研究工具。地统计学由分析空间变异与结构的变差函数及其参数和空间局部估计的 Kriging(克里格)插值法两个主要部分组成。如今,地统计学已经被广泛用于地理学、生态学、环境科学、土壤学等诸多领域的研究中。

变差函数是对空间变化的属性参数随距离变化进行度量的工具,能够反映区域化变量的空间特征,特别是透过随机性反映区域化变量的结构性。

假设 $Z(x)$ 和 $Z(x+\Delta x)$ 分别是空间 x 及 $x+\Delta x$ 处的随机空间变量,则半变差函数的定义如下[1,2]：

$$\gamma(\Delta x) = \frac{1}{2}\text{Var}\big[Z(x) - Z(x+\Delta x)\big] \tag{4-1}$$

式中,$\Delta(x)$ 表示空间中某一方向上的距离,即空间间隔。

在实际应用的过程中,直接称半变差函数 $\gamma(\Delta x)$ 为变差函数。工程应用中常用实验变差函数 $\gamma^*(\Delta x)$ 来代替变差函数 $\gamma(\Delta x)$[2-4]：

$$\gamma^*(\Delta x) = \frac{1}{2N(\Delta x)}\sum_{i=1}^{N(\Delta x)}\big[Z(x_i) - Z(x_i + \Delta x)\big]^2 \tag{4-2}$$

式中,$N(\Delta x)$ 表示数据点对的总数量。

从公式(4-2)可以看出,变差函数反映的是在一个特定的方向上空间变量在一定的距离内的变化程度。由于变差这一特性,在其他领域得到了广泛的应用。虽然最初的变差函数是用来分析空间变量的,但后来变差函数被拓展至时域上,成为一个常用的时间—空间分析工具。实验时—空变差函数如下式所示[4,5]:

$$\gamma^*(\Delta x, \Delta t) = \frac{1}{2N(\Delta x, \Delta t)} \sum_{i=1}^{N(\Delta x, \Delta t)} \left[Z(x_i, t_i) - Z(x_i + \Delta x, t_i + \Delta t) \right]^2 \quad (4\text{-}3)$$

式中,Δt 表示时间间隔。

在公式(4-3)的基础上,实验空间变差函数和实验时间变差函数可以分别表示为[6]

$$\gamma_x^*(\Delta x) = \frac{1}{2N(\Delta x)} \sum_{i=1}^{N(\Delta x)} \left[Z(x_i) - Z(x_i + \Delta x) \right]^2 \quad (4\text{-}4)$$

$$\gamma_t^*(\Delta t) = \frac{1}{2N(\Delta t)} \sum_{i=1}^{N(\Delta t)} \left[Z(t_i) - Z(t_i + \Delta t) \right]^2 \quad (4\text{-}5)$$

4.3　风速变差分析

在研究风功率输出的变化速率时,关心的是其在时域上的变化,因此,选择实验的时间变差函数来度量变化速率。风速是风力发电的主要能量来源,可以通过研究风速的变化速率来反映风电的变化速率。

假设是 $\{\nu(t_i)\}$ 表示一个风速时间序列,则根据公式(4-5)风速的时间变差函数可以表示为

$$\gamma(\Delta t) = \frac{1}{2N(\Delta t)} \sum_{i=1}^{N(\Delta t)} \left[\nu(t_i) - \nu(t_i + \Delta t) \right]^2 \quad (4\text{-}6)$$

对公式(4-6)进行深入的分析,$\gamma(\Delta t)$ 反映了 $t_1 \sim t_N + \Delta t$ 时间段内的风速平均变化量,因此,风速的变化速率可以表示为 $\gamma\Delta(t)/\Delta t$。由于时间间隔 Δt 在计算过程中是恒定的,变差函数 $\gamma(\Delta t)$ 等价于 $\gamma\Delta(t)/\Delta t$。

利应公式(4-6)计算风速变差的过程可以用图 4-2 表示,可以看出 $\gamma_i(\Delta t)$ 是 $t_{(i-1)N+1} \sim t_{iN} + \Delta t, i = 1, 2, \cdots, m+1$ 时间段内风速的平均变化速率。电力系统更关心的是风速的瞬时变化速率,如图 4-3 所示,因此需要计算风速的瞬时变差。

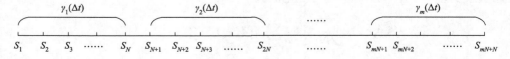

图 4-2　平均变差示意图

图 4-3 瞬时变差示意图

令

$$S_i = \left[\nu(t_i + \Delta t) - \nu(t_i) \right]^2 \qquad (4\text{-}7)$$

则由公式(4-6)可以得出

$$\gamma(\Delta t) = \frac{1}{2} \times \frac{1}{N(\Delta t)} \sum_{i=1}^{N(\Delta t)} S_i \qquad (4\text{-}8)$$

可以发现,计算 $\gamma(\Delta t)$ 的过程等效于求取 $\{S_i\}$ 的低频分量,或者也可以认为是一个求平均的过程。事实上,这个过程可以用小波分解算法来实现。与直接平均或移动平均法相比,小波分解(尤其是紧支撑小波)可以确保低频序列 $\{\gamma(\Delta t)\}$ 的长度与原始序列 $\{S_i\}$ 的长度相同,可以得到每一个瞬间对应的 $\gamma(\Delta t)$,即风速的瞬时变差。

基于小波算法的瞬时变差计算策略如下:首先,选择时间间隔 Δt;然后,利用式(4-7)计算序列 $\{S_i\}$;最后,利用小波分解算法分解序列 $\{S_i\}$,以获得低频分量,即两倍的瞬时变差 $2\gamma(\Delta t)$。

4.3.1 风速变差

本章选择中国北方的一个风电场作为研究对象,收集了该风电场 2012 年 8 月至 2013 年 7 月的实际风速,采样间隔为 5s。图 4-4 所示为 2012 年 8 月的风速。

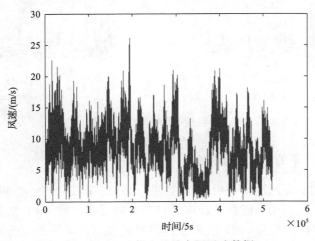

图 4-4 2012 年 8 月的实际风速数据

在电力系统的调节和控制过程中的时间采样间隔范围从几秒到几十分钟不等,因此,在计算风速变差的过程中时间间隔 Δt,分别取 30s、1min、5min 和 15min,然后利用上述方法计算风速的瞬时变差。图 4-5 所示为不同时间间隔下得到的瞬时风速变差计算结果。从图 4-5 可以看出,时间间隔越大,$\gamma(\Delta t)$ 的值越大。然而,进一步可以看出 $\gamma(\Delta t)$ 随时间变化的规律在不同的时间间隔下都是相似的。事实上,时间间隔只是风速变差的一个计算参数,它不会引起风速的任何变化。因此,风速变化速率随时间的变化规律不会随着时间间隔的不同而发生变化。

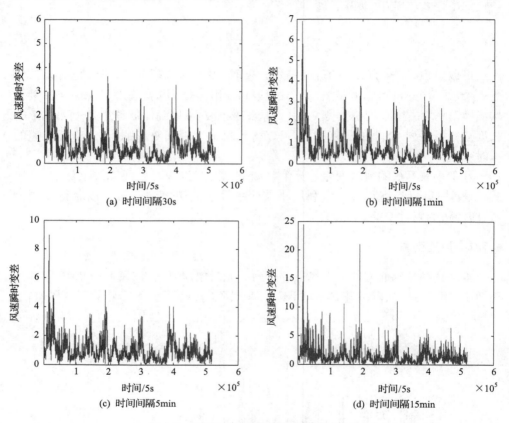

图 4-5　不同时间间隔下的风速瞬时变差

4.3.2　风速变化率的定量刻画模型

在计算得到瞬时风速变差后,与风速进行对比,观测瞬时变差和风速之间是否存在依赖关系。在利用小波算法计算瞬时变差的过程中将序列 $\{S_i\}$ 分解到小时级的时间尺度来求取变差。因此,相应的将原始风速时间序列也分解至小时级的时间尺度,与瞬时风速变差进行对比,如图 4-6 所示,可以看出两者的变化趋势是相似的。进一步对瞬时风速变差时间序列和小时级平均风速时间序列进行互相关分析,结果如图 4-7 所示,当时间滞后为 0 时,互相关系数约为 0.85,这表明同一时刻的风速与风速变差之间存在有映射关系。以上结果均表明瞬时风速变差与平均风速之间存在调幅关系,因此对两者之间的调幅关系进行研究。

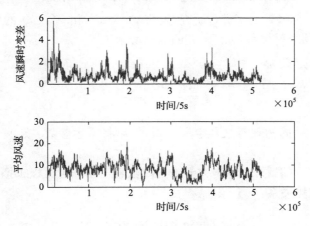

图 4-6　瞬时变差和风速之间的比较

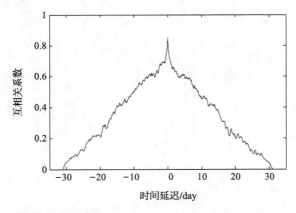

图 4-7　互相关分析结果

首先,将 $\bar{v}$ 和 $\gamma(\Delta t)$ 转化为无量纲参数。令

$$v^* = \frac{\bar{v}}{v_r} \tag{4-9}$$

式中, v^* 是无量纲的小时级风速; $\bar{v}$ 是小时级风速; v_r 是参考风速,在计算的过程中取 $v_r = 1\mathrm{m/s}$,如此可以确保无量纲处理后的小时级风速与原始风速的数值保持一致。

令

$$\gamma^*(\Delta t) = \frac{\gamma(\Delta t)}{[\nu_r]^2} \tag{4-10}$$

式中，$\gamma^*(\Delta t)$ 是无量纲风速瞬时变差；$\gamma(\Delta t)$ 为风速瞬时变差。

进一步对 ν^* 和 $\gamma^*(\Delta t)$ 进行研究，发现 ν^* 与 ν^* 和 $\gamma^*(\Delta t)$ 的派生参数 χ 之间，有一个明显的映射关系，如图 4-8 的散点所示。

派生参数 χ 定义为

$$\chi = \frac{\left[\gamma^*(\Delta t)\right]^{\frac{1}{2}}}{\nu^*} \tag{4-11}$$

借鉴湍流强度的物理意义及定义方式，可以将派生参数 ε 定义为风速波动率强度。

根据散点图，可以看出，风电方差的三参数幂律模型也可以来拟合风电变差和平均值之间的依赖关系：

$$\chi = \alpha \times (\nu^*)^{\beta} + c \tag{4-12}$$

式中，α、β 和 c 是幂函数模型的参数。拟合曲线如图 4-8 所示实线。可以发现，拟合曲线与实际的散点图之间有很高的拟合度。

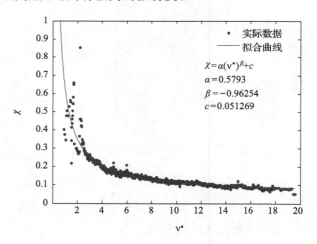

图 4-8　幂函数模型拟合效果

图 4-9 所示为不同时间间隔下幂函数模型的拟合效果。实际的散点图来自于风电场从 2012 年 8 月到 2013 年 7 月一年的实测数据。结果表明，实际数据与拟合模型的拟合度较高，说明了幂函数模型的合理性和准确性。

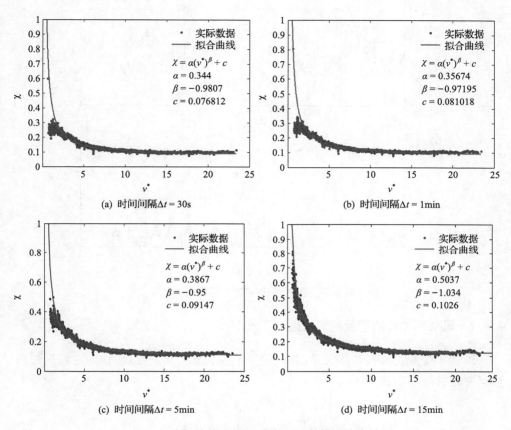

图 4-9　不同时间间隔的三参数幂函数模型拟合效果

　　此外,对其他风电场实测风速数据进行变差分析,也得到了相同的结果:风速变差与平均风速之间存在调幅效应,而且风速变差与小时级平均风速的三参数幂律模型具有普适性,对于实际风工程应用具有一定的指导意义。

4.4　风功率变差不确定性模型

4.4.1　风功率变差的调制效应

　　利用上述方法,对实际风电场的风功率数据进行同样的分析。图 4-10 所示为风电功率 60s 相对变动速率和小时级平均功率标幺值的对应关系。可以看出:风功率变差也受到小时级功率均值的调制,风功率变差也具有调幅效应。

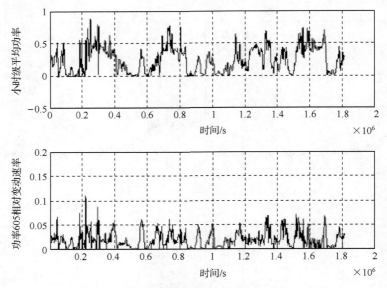

图 4-10　实际风功率数据的变差分析

4.4.2　风功率变差的定量刻画模型

风功率变差也具有幂律关系,并且定义了风功率变动强度 χ_p 作为定量刻画风功率变差的派生参数:

$$\chi_p = \frac{\left[\gamma_p^*(\Delta t)\right]^{\frac{1}{2}}}{\bar{p}^*} = \alpha * (\bar{p}^*)^{-\beta} + c \qquad (4\text{-}13)$$

式中,$\gamma_p^*(\Delta t)$ 为风功率相对变差;$\bar{p}^*$ 为小时级平均功率的标幺值;而 α、β 和 c 为常数,通过数据拟合可以得到。

同时,通过对多台风机功率进行变差分析发现:风场(场群)功率变差也具有调幅效应,并且该模型对风场功率也具有普适性。从表 4-1 和图 4-11、图 4-12 还可以看出:随着风机台数增多,变差值会越来越小。

表 4-1　不同风机台数对应下的模型参数

算例序号	机组台数	模型拟合参数		
		α	β	c
1	1 台	0.1112	0.5858	0.1214
2	10 台	0.0506	0.5304	0.0783
3	50 台	0.0305	0.4687	0.0416
4	100 台	0.0223	0.4748	0.0208
5	140 台	0.0174	0.4904	0.0197

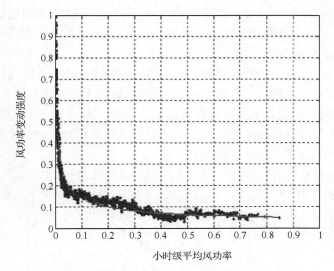

图 4-11　风功率变差模型

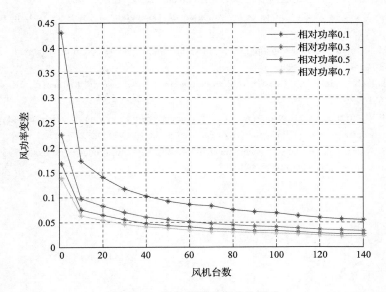

图 4-12　风机台数对变差的影响

4.5　本 章 小 结

近年来,随着风电的普及,电力系统的安全性和稳定性受到风电波动的威胁,
运营调度人员必须供应充足的可调电源,来平抑风电功率波动。但是可调电源和

风力发电的响应速度是不同的,在一般情况下,风力发电的波动率更快,互补电源必须快速响应风功率的变化从而实现平抑。因此,在平抑波动的过程中,变化率是必须考虑的一个重要因素。

　　本章引入变差函数对特定时间间隔内的风速变化量进行分析,定量地刻画风速变化速率,同时也发现了风电变差的调幅效应,提出了一个可以定量刻画描述风速变化速率和风功率变动率的三参数幂律普适模型。当给电力系统提供风速预测结果后,运营人员可以根据小时级风速与三参数模型来估计风速的变化率,来及时响应风速的波动率,实现风功率波动的平抑。

　　实际中,电网利用可调电源对风功率的波动进行平抑时,需要同时满足容量与响应速度的匹配。本章风速变差建模与第3章的方差建模实现了对风速波动速率和波动范围的度量,为风电功率波动的平抑提供重要的参考信息。

参 考 文 献

[1] Gui F, Lin Q W. "Application of variogram function in image analysis." Signal Processing, 2004. Proceedings. ICSP'04. 2004 7th International Conference on. Vol. 2. IEEE, 2004.

[2] Bowman A W, Rosa M C. "Inference for variograms." Computational Statistics & Data Analysis 66 (2013): 19-31.

[3] Lark R M "Optimized spatial sampling of soil for estimation of the variogram by maximum likelihood." Geoderma 105. 1 (2002): 49-80.

[4] Kyriakidis P C, André G J. "Geostatistical space-time models: a review." Mathematical Geology 31. 6 (1999): 651-684.

[5] Gething P W, Atkinson P M, Noor A M, et al. "A local space-time kriging approach applied to a national outpatient malaria data set." Computers & geosciences 33. 10 (2007): 1337-1350.

[6] De Iaco S, Myers D E, Posa D. "Space-time analysis using a general product-sum model." Statistics & Probability Letters 52. 1 (2001): 21-28.

第 5 章　风电频谱特性研究

5.1　引　　言

随着大规模风电并网,风电功率的随机波动给电力系统的安全稳定运行带来严重威胁。为了缓解风电波动带来的影响,需要对功率波动的产生机理进行分析。风电功率波动的产生机理主要包括以下 3 方面[1,2]:

(1)风速的随机波动性。由于气候、天气和地势等多种自然因素的影响,风速具有强烈的随机波动性,这是风电功率随机波动的根本原因。

(2)风机的分散性。风能的功率密度较低,需要在较大的空间范围内布置风机,导致风电场各风机的工作条件不一致。

(3)风力发电机组的限制。目前的机组暂时不具备有效的功率波动控制能力,绝大多数机组仅仅是被动地跟随风速的变化输出电能。

在明确波动产生机理的基础上,国内外的学者分别从基于历史功率数据的角度[3,4]、基于统计分析的角度[5,6]及应用随机过程的相关理论[7,8]对风电功率的随机波动进行了大量的研究。对上述方法进行总结可以发现,上述的研究方法仅能考虑风速的随机波动性带来的影响,而后 2 个影响因素则未完全考虑。从理论上分析,造成上述不足的主要原因在于描述随机性的模型大多都是基于时域进行研究,而现有的"风场模型"及"风机模型"多数都是基于频域来研究[1]。因此为了更加准确地描述风电的随机波动性,仅从时域的角度出发进行研究是不够的,需要进一步从频域的角度出发来研究风电的不确定性。而在频域的研究中,风电有功功率的功率谱特性是风电波动特性的一个重要表现形式,对新能源电力系统的实时调度与优化控制具有参考价值。

5.2　风速瞬时频谱模型

功率谱密度用来描述能量特征随频率的变化关系。功率谱估计可以分为参数和非参数估计。由于研究数据充足,所以本书采用经典谱估计即可获得很高的谱分辨率。经典谱估计中最具代表性、应用最多的是周期图法及其改进方法,它直接将信号的采样数据进行傅里叶变换求取功率谱密度。假定有限长随机信号序列的 N 点观测数据为 $\zeta(n)$,则其傅里叶变换为

$$Z_N(e^{-j\omega}) = \sum_{n=0}^{N-1} \zeta(n) \cdot e^{-j\omega n} \tag{5-1}$$

然后进行功率谱估计，

$$S(\omega) = \frac{1}{N} \left| Z_N(e^{-j\omega}) \right|^2 \tag{5-2}$$

用有限长样本序列的傅里叶变换计算随机序列的功率谱，估计误差不可避免。小波分析本身具有时、频域局部化特性，小波包络分析不需要配以滤波环节即可提取所需频率范围信号的包络线；而且可以通过改变参数来调节小波频窗的形状、位置和宽度，因此小波包络分析有着很大的灵活性，而且软件容易实现。因此，本文采用小波算法提取包络线。并且，由于小波算法的本身特性，得到的功率谱具有瞬时特性。在此基础上做分段平均处理，这样可得功率谱为

$$S(\omega) = \frac{1}{MUN} \sum_{i=1}^{N} \left| \sum_{n=0}^{M-1} \zeta_m^i(n) \cdot e^{-j\omega n} \right|^2 \tag{5-3}$$

式中，N 为随机序列分段数；M 为每段数据长度；$U = \sum_{n=0}^{M-1} \omega(n)$，$\omega(n)$ 是窗函数。

目前的研究表明，风电场风机轮毂处风速波动的功率谱密度可以分解为高频波动和低频波动两个部分[9]，即

$$S_v(f) = S_{IEC}(f) + S_{LF}(f) \tag{5-4}$$

其中高频部分波动的功率谱密度模型 $S_{IEC}(f)$ 由 Kaimal 等[10] 在 1972 年提出，用来描述 $0.02\sim600s$ 周期内的风速波动，该波动模型也被 IEC 61400-1 采用来描述风电场的湍流：

$$S_{IEC}(f) = \sigma^2 \frac{2\dfrac{L_1}{\bar{v}}}{\left(1 + 6\dfrac{L_1}{\bar{v}}f\right)^{\frac{5}{3}}} \tag{5-5}$$

式中，

$$L_1 = \begin{cases} 5.67z & z \leqslant 60\text{m} \\ 340.2 & z > 60\text{m} \end{cases}$$

$\bar{v}$ 为平均风速；σ 为 10min 内风速的标准差，通常由测风系统获得；z 为风机轮毂离地高度。

周期在 600s 以上的更低频的风速波动，无法使用 Kaimal 分布很好的描述。基于丹麦 Høvsøre 风电场的实测数据，低频的风速波动的功率谱密度模型 $S_{LF}(f)$

可以表示为[11]

$$S_{LF}(f) = (\alpha_{LF}\bar{\nu} + \beta_{LF})^2 \frac{\dfrac{z}{\nu}}{\left(1 + 100\dfrac{zf}{\nu}\right)\left(\dfrac{zf}{\nu}\right)^{\frac{5}{3}}} \tag{5-6}$$

式中，α_{LF} 和 β_{LF} 分别为模型的结构和尺寸参数，需要通过现场实测的风电场风速数据统计得到功率谱密度后，对公式(5-6)进行最大似然估计获得。

从式(5-5)及式(5-6)可以看出，风速波动的功率谱密度模型由两部分构成，第一部分 σ 及 $\alpha_{LF}\bar{\nu} + \beta_{LF}$ 与风速波动的标准差有关，也就是第 3 章中提到的风速调幅效应；而第二部分与风速的频率有关，关于风速的频率特性在下一小节进行分析。

关于瞬时频率 Welfonder[12] 在 Leithead[13] 研究的基础上，利用 2 个风场 720h 及 80h 的风速数据进行分析，推导了风机模型中滤波器的传递函数 $G_F(i\omega)$：

$$G_F(i\omega) = \frac{V_F}{(1 + i\omega\hat{T}_F)^{5/6}} \tag{5-7}$$

式中，$V_F \approx \sqrt{\dfrac{2\pi}{B\left(\dfrac{1}{2}, \dfrac{1}{3}\right)} \dfrac{\hat{T}_F}{T}}$；$\hat{T}_F = \dfrac{L}{\nu_\omega}$；$\bar{\nu}_\omega$ 表示平均风速；L 代表湍流长度尺度；

$B\left(\dfrac{1}{2}, \dfrac{1}{3}\right)$ 为指定的贝塔函数；T 为有限的采样时间。

中心频率的计算公式为 $f_0 = \dfrac{1}{\hat{T}_F}$。

Welfonder 的研究结果表明随着风速的增加，其中心频率一直增大。

5.3　风速的多尺度调频效应研究

5.3.1　风速的调频效应

基于瞬时功率的估计方法，对某一风电场的一年四个季度数据进行数据分析，得到了小时级平均风速与其中心频率的依赖关系，如图 5-1 所示，其中，f_0 为中心频率。利用风电场全年大量的实测风速数据进行验证，得到的结果与图 5-1 类似。从图中可以看出：在小风速段，中心频率的变化规律与 Welfonder 基于两个风电场 720h 及 80h 风速数据得到的实验结果相似。即随着风速的增加，中心频率随之增大；但是当风速超过一定阈值后，中心频率基本保持不变。上述结果说明中心频率受到小时级平均风速的调制，称之为调频效应。

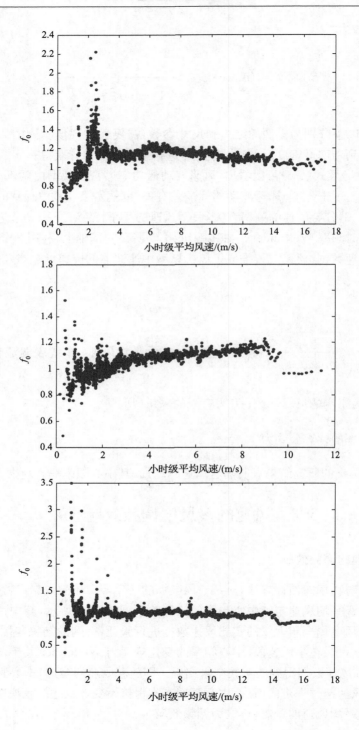

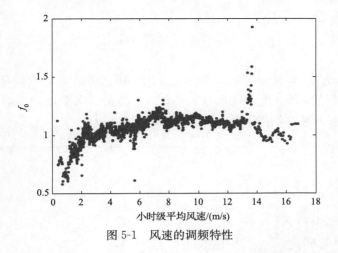

图 5-1　风速的调频特性

5.3.2　调频效应的多尺度特性

　　基于风速调幅效应多尺度特性的启示,接下来分析风速调频特性是否具有多尺度特性。图 5-2 所示为不同尺度平均风速下对风速的调频效应,从图中可以看出:调频效应也具有多尺度特性,时间尺度从分钟级可延伸至几个小时,随着时间尺度增加,调频效应减弱。

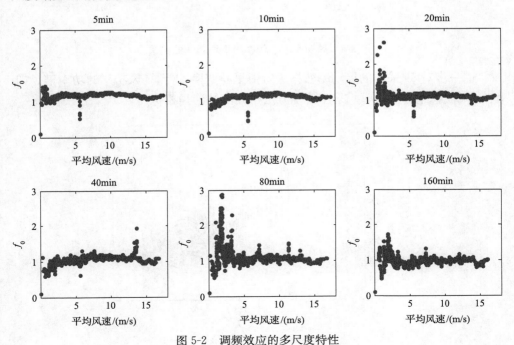

图 5-2　调频效应的多尺度特性

5.4　风功率功率谱

采样同样方法,对风功率数据进行处理,得到风功率中心频度随平均功率的变化关系,如图 5-3 所示。图中所示结果与图 5-1 类似。当平均功率增大到一定阈值后,其中心频率基本保持不变。

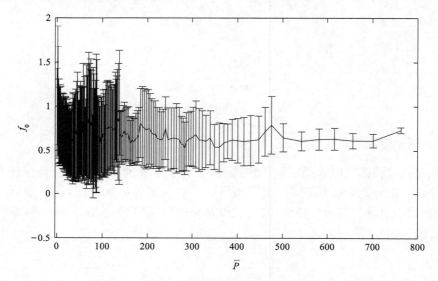

图 5-3　风功率中心频率与平均功率的关系

进一步对 5s 采样的风功率数据进行傅里叶变换,得到了风功率的功率谱。如图 5-4 所示,这与文献[14]采用传统方法得到的结论是相符的。

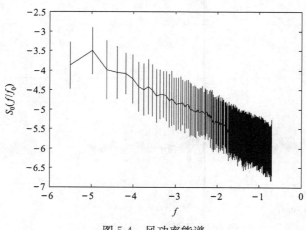

图 5-4　风功率能谱

将上面所得到的风功率调幅特性与图 5-3 相结合,我们可以看出,风功率具有时频分离特性,可以用式(5-8)表示:

$$S(f,t) = \sigma^2[\bar{P}(t)]S_0(f/f_0) \tag{5-8}$$

式中,f 为风速实时频率;t 为时间。

5.5　场群瞬时功率谱特性研究

5.5.1　风电功率的功率谱估计实例分析

采用 Welch 功率谱估计方法,得到风机功率的功率谱,功率谱图采用双对数坐标轴显示,如图 5-5 所示。图 5-5(a)所示为东山电厂 10 台风机 5s 采样周期功

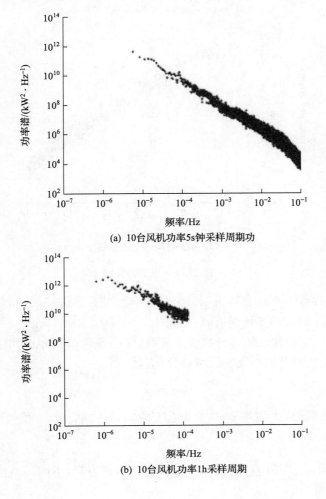

(a) 10台风机功率5s钟采样周期功

(b) 10台风机功率1h采样周期

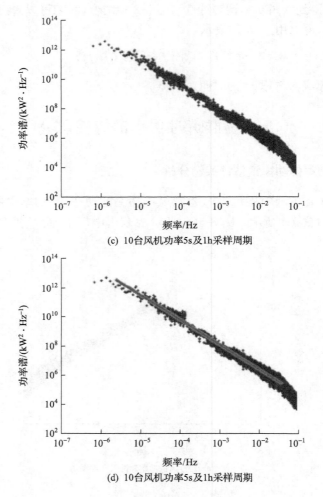

图 5-5　风电功率谱特性统计

率谱,图 5-5(b)所示为 10 台风机 1h 采样周期功率谱。图 5-5(c)和 5-5(d)所示为将图 5-5(a)和 5-5(b)功率谱结合到一起。

　　将图 5-5(c)中线性区域部分拟合成直线,如图 5-5(d)所示。由于图像采用双对数坐标,因此功率谱图中线性区域部分,满足

$$\text{Psd} = f^{\lambda} \tag{5-9}$$

式中,Psd 为功率谱; f 为频率; λ 为拟合直线的斜率。此处, λ 值为 -1.675,即

$$\text{Psd} = f^{-1.675} \tag{5-10}$$

　　图 5-5(d)给出了 10 台风机的功率谱,仿真结果表明,不同风机数量的功率谱

图形状与图 5-5(d)类似,均包含 3 个不同特性的区域,但幅值有所变化。本文主要关注功率谱图线性区域部分随装机容量变化的特性。

5.5.2　风电功率的汇聚效应

由于风电场覆盖地域较大,场内不同风机所接受的风能会存在空间上的差异;连接同一电网,处于不同风电场的风机接受的风能也会存在更明显的差异。风电功率波动幅度往往不随风电机组总装机容量的增长而成比例增大,这种特性叫作风电功率的汇聚效应。

图 5-6(a)所示为 100 台风机功率的功率谱图,线性部分拟合直线 λ 值为 -1.92。与 10 台风机功率谱图相比,λ 值明显变小,但是由于装机容量的增长,同频率功率谱幅值明显增大。图 5-6(b)所示为功率谱图线性区域 λ 值大小随风机数量变化曲线。从图中可以看出,随着风机数量的增多,λ 值明显变小,即功率谱幅值随频率的升高下降速度变快,而且风机数量较少时,λ 值变化越明显。图 5-6(c)

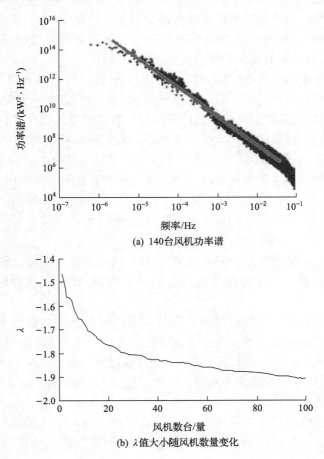

(a) 140台风机功率谱

(b) λ 值大小随风机数量变化

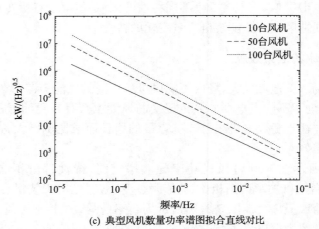

(c) 典型风机数量功率谱图拟合直线对比

图 5-6　风电功率的汇聚效应统计

所示为几个典型风机数量功率谱图线性部分拟合直线对比,为了方便对比,与装机容量单位保持一致,这里将功率谱幅值开平方。从图中可以看出,随风机数量增长,低频部分功率谱幅值增长幅度明显大于高频部分。

　　上述分析结果表明:风电功率的功率谱幅值在线性区域随着频率的增加呈指数衰减特性,而且风机数量越多,装机容量越大,衰减速度越快。随着装机容量的增加,功率谱幅值在低频处增长幅度约等于装机容量的增长幅度,但在高频处的增长幅度远小于装机容量的增长幅度。因此,频率越高,时间尺度越小,风电功率的汇聚效应越明显,从而从功率谱密度的角度论证了风电功率的汇聚效应。这说明风电装机容量的增加对于短时间内的功率波动具有明显的平抑作用。

5.6　物理机制分析

　　风速波动的不确定性是由湍流引起的,在层流到湍流的发展过程中,它们之间存在过渡性湍流状态。过渡性湍流是小风速区间,而充分发展湍流属于高风速区域。

　　图 5-7 所示为风速的幅频调制效应示意图。根据上述对湍流发展过程的分析,可以看出,这种调幅和调频效应受湍流发展影响。过渡性湍流和充分发展湍流所对应的雷诺数(或平均风速)区间长度是不同,过渡性湍流区间较充分发展湍流要小。因此,在充分发展湍流区间的风速波动范围和频率基本趋于平稳状态而不再发生较大的改变。

　　湍流调制效应的渐近性:湍流的发展及自模化。前人已经证明,大气边界层湍流运动能谱包括 3 个区(见第 2 章图 2-5)包括:大尺度湍流的含能区,该区内浮力和切变产生湍流动能;小尺度湍流惯性副区,该区内湍流动能既不产生也不耗散,而是传递给越来越小尺度的运动;耗散区,该区内由于流体分子黏性的作用湍流动能转变为内能。一般而言风电场所处的湍流运动能谱符合惯性副区的特点,风电功率谱满足湍流研究中 Kolmogorov 提出的著名的"－5/3 律"。

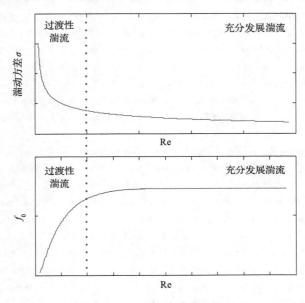

图 5-7　风电的幅频调制效应

5.7　本 章 小 结

从频域的角度出发对风电功率波动进行研究,可以克服纯时域或统计研究方法的不足之处,有助于更加深入地分析风电的不确定性。本章基于风电场大量实测数据,对风速及风功率在频域上进行分析,发现了小时级平均风速对风速频率的调频效应:即在小风速段,随着风速的增加,中心频率随之增加;但是当风速超过一定阈值后,中心频率基本保持不变。从而对 Welfonder 的实验结果进行了修正。在此基础上,对风电功率的瞬时频率谱进行研究。最后,从风的物理本质出发,对风速调频效应及风功率瞬时功率谱特性背后存在的物理机制进行了讨论。

参 考 文 献

[1] 林今,孙元章,P. SØRENSEN,等. 基于频域的风电场功率波动仿真(一)模型及分析技术[J]. 电力系统自动化,2011,35(04):65-69.

[2] Sorensen P,Cutululis N A,Vigueras-Rodriguez A,et al. Power Fluctuations From Large Wind Farms

　　　　[J]. IEEE Transactions on Power Systems, 2007, 22(3):958-965.

[3] Parsons B K, Wan Y, Kirby B. Wind Farm Power Fluctuations, Ancillary Services, and System Operat-
　　　ing Impact Analysis Activities in the United States: Preprint[C]//European Wind Energy Conference,
　　　Copenhagen, Denmark July, 2001: 2-6.

[4] Banakar H, Luo C, Ooi B T. Impacts of wind power minute-to-minute variations on power system opera-
　　　tion[J]. IEEE Transactions on Power Systems, 2008, 23(1): 150-160.

[5] Doherty R, Malley M O. A New Approach to Quantify Reserve Demand in Systems With Significant In-
　　　stalled Wind Capacity[J]. IEEE Transactions on Power Systems, 2005, 20(2):587-595.

[6] Bludszuweit H, Domínguez-Navarro J A, Llombart A. Statistical analysis of wind power forecast error
　　　[J]. IEEE Transactions on Power Systems, 2008, 23(3): 983-991.

[7] Pinson P, Christensen L E A, Madsen H, et al. Regime-switching modelling of the fluctuations of off-
　　　shore wind generation[J]. Journal of Wind Engineering and Industrial Aerodynamics, 2008, 96(12):
　　　2327-2347.

[8] Billinton R, Wangdee W. Reliability-based transmission reinforcement planning associated with large-
　　　scale wind farms[J]. IEEE Transactions on Power Systems, 2007, 22(1): 34-41.

[9] Sørensen P E, Pinson P, Cutululis N A, et al. Power fluctuations from large wind farms-Final report
　　　[R]. Danmarks Tekniske Universitet, Risø Nationallaboratoriet for Bæredygtig Energi, 2009.

[10] Kaimal J C, Wyngaard J C, Izumi Y, et al. Spectral characteristics of surface-layer turbulence[J].
　　　Quarterly Journal of the Royal Meteorological Society, 1972, 98(417): 563-589.

[11] Courtney M S, Troen I. Wind speed spectrum from one year of continuous 8 Hz measurements[C]//9.
　　　Symposium on Turbulence and Diffusion. American Meteorological Society, 1990.

[12] Welfonder E, Neifer R, Spanner M. Development and experimental identification of dynamic models for
　　　wind turbines[J]. Control Engineering Practice, 1997, 5(1):63-73.

[13] Leithead W E, De la Salle S, Reardon D. Role and objectives of control for wind turbines [J]. IEE Pro-
　　　ceedings C-Generation, Transmission and Distribution, 1991, 138(2):135-148.

[14] 张旭, 牛玉广, 马一凡, 等. 基于功率谱密度的风电功率特性分析[J]. 电网与清洁能源, 2014, 30(2):
　　　93-97.

第6章 风电间歇性研究及定量刻画

6.1 引　言

相比于传统的发电方式,风电具有强烈的随机性、波动性和间歇性,大规模并网后对电力系统的安全稳定运行带来严重威胁。尤其是风电的间歇性提高了大规模风电并网的运行费用[1,2],是未来风电成为自主、可靠的电力系统电源所面临的重大挑战[3,4]。风电间歇性及其危害受到越来越多学者的关注,然而目前对风电间歇性的度量大多为定性的研究,而定量研究则较少。本书从风的物理本质出发,定义了风速间歇性,并提出了基于风速陡变占空比的风速间歇性定量刻画方法,从而提供风速更为详细的信息,对电力系统安全高效吸纳风电具有重要意义。

6.2　风速间歇性定义

人们已经认识到风电间歇性带来的危害,但是在现有的研究中,风电间歇性的定义、定量度量参数以及具体的特性研究较少。风是风力发电的能量来源,风电间歇性来源于风速的间歇性,因此首先需要研究风速间歇性。从风的物理本质来看,风是一种大气边界层运动,是一种湍流现象。而根据第 2 章可知,湍流的间歇性是一个重要的特征。湍流间歇性是湍流研究领域中重要的研究课题之一,有着严格的定义及具体的度量参数。风具有湍流的性质,因此可以从湍流间歇性的角度出发来研究风速间歇性。

湍流间歇性分为外间歇性[5,6]和内间歇性[7,8]。湍流的外间歇性存在于湍流区和层流区之间的转折区。在该区域中,从时间上看湍流与层流交替出现;从空间上看,湍流与层流共存并且交织在一起,而且彼此之间存在明显的分界面,该现象被称为湍流的外间歇性。

湍流的内间歇性存在于充分发展的湍流区内。在充分发展的湍流场中,某些物理量(如涡量、湍流耗散率)在空间(或时间)上的分布是不均匀的,即存在奇异性,该现象被称为湍流内间歇性。湍流内间歇性的研究不能脱离具体的物理量。第 2 章图 2-7 所示为 Siggia[9] 对 Navier-Stokes 方程直接计算所获得的数值模拟结果,图中 95％的能量耗散率集中在小圆圈所代表的区域中,说明湍流能量耗散率具有强烈的奇异性,这正是湍流中存在间歇性的表现。

Meneveau[10]等在实际中也观察到湍流内间歇性的存在,如第 2 章图 2-8 所示,能量耗散率并不等于常数,而是有很明显的起伏或者涨落变化,这正是湍流内间歇性的表现,而且可以看出 Re 越大,间歇性越显著。而且湍流的内间歇性在实验室湍流中以及大气边界层湍流中都存在[11,12]。

从湍流外间歇性及内间歇性的定义中可以看出,间歇性揭示的是流场中某些现象或者某些物理量在时间和空间场中分布不均匀的性质。风是一种大气边界层湍流现象,风速间歇性可以追溯至湍流间歇性,所以将湍流间歇性的定义延伸至风速间歇性。可以将风速间歇性定义为:风的某些统计量在时间和空间场中分布不均匀的性质称为风速间歇性。

6.3　风速间歇性定量研究

6.3.1　风速陡变占空比

在风速间歇性定义的基础上,需要寻找合适的参数来定量地度量风速间歇性,从而获得更为详细的风速间歇性特性。从风速间歇性的定义来看,风速间歇性是一个时间和空间上的概念,但是在实际的研究过程中,空间域上的观测比较困难,而时间域上的观测相对容易,因此在研究风速间歇性的过程中需要探讨能否将空间观测用时间观测来替代。

根据泰勒冰冻假说,当湍流发展的尺度远大于湍流平移过传感器的时间尺度时,可以用时间观测来替代空间观测。在实际应用中,该假设的前提条件可以表示为

$$I = \sigma/\bar{\nu} \ll 1 \tag{6-1}$$

式中,I 表示湍流强度;σ 表示风速的标准差;$\bar{\nu}$ 表示平均风速。

表 6-1　IEC 标准风机设计湍流强度等级[13]

风机等级		I	II	III	S
ν_{ref} /(m/s)		50	42.5	37.5	
A	I_{ref}		0.16		用户自定义
B	I_{ref}		0.14		
C	I_{ref}		0.12		

表中,ν_{ref} 表示十分钟之内的平均风速参考值,A、B、C 分别对应高、中、低湍流等级,I_{ref} 表示风速为 15m/s 时的湍流强度参考值。

表 6-1 所示为 IEC 标准里给出的风机设计时参考的湍流强度,可以看出,给出的参考湍流强度值远小于 1。在实际风电场中,根据测风塔的数据,计算得到的湍流强度也远小于 1,如图 6-1 所示[14]。本书采用多个风电场实测风速数据进行计算时,发现风速湍流强度也远小于 1,具体的计算结果见本书第 7 章。

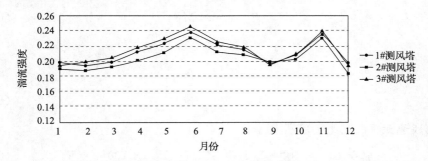

图 6-1　实际风电场中测风塔高度湍流强度月变化曲线

因此,实际风电场中风速湍流强度满足泰勒冰冻假说的前提,在研究风速间歇性的过程中可以采用时间观测来代替空间观测。

在湍流间歇性的研究中,流场中不同位置的速度差 $\Delta \nu(h)$ 是一种重要的物理量,转换至时间域中,则可以用不同时间间隔下的速度差 $\Delta \nu(t)$ 来代替 $\Delta \nu(h)$。风电输出具有强烈的波动性,特别是大范围的功率陡变对电力系统的安全运行造成威胁,因此将一定时间内风速变化量超过一定阈值,即风速陡变事件作为风速间歇性研究的统计参量。根据风速间歇性定义,间歇性反映的是风速某些统计量在时域上分布不均匀的现象,所以需要对风速陡变的不均匀分布进行研究。占空比通常用来描述某一现象持续的时间占总的观测时间的比例,表征某一现象在时域上分布不均匀的特性,据此可以采用风速陡变占空比——风速陡变发生的时长占总时长的比例,这一参数来定量的度量风速间歇性。风速陡变占空比的定义的具体计算方法如下。

记 $\nu(t)$ 和 $\nu(t+\Delta t)$ 分别表示 t 和 $t+\Delta t$ 时刻的风速,则该段时间内风速差可以表示为

$$\Delta \nu(t) = \nu(t+\Delta t) - \nu(t) \tag{6-2}$$

式中,Δt 为时间间隔,可以取 1min 或者 10min。

假设 θ_1 和 θ_2 分别为预先给定的风速陡变正负阈值,则陡变事件定义如下:当 $\Delta \nu(t) > \theta_1$,则意味着发生了风速陡升事件;而当 $\Delta \nu(t) < \theta_2$ 时则意味着发生了风速陡降事件。

假设总的观测时长为 T,选取合适的 Δt 在该时间段内计算得到风速差时间

序列 $\{\Delta v(t)\}$，记该序列中元素的个数为 M，然后按照预先给定的风速陡变正负阈值 θ_1 和 θ_2，统计风速陡变事件发生的频次。风速陡升事件和陡降事件的频次分别记为 N_1 和 N_2，则总的观测时长 T，风速陡变事件发生的时长 T_R，风速陡升事件和陡降事件发生的时长 T_U 和 T_D 可以表示为

$$T = \Delta t \times M \tag{6-3}$$

$$T_R = T_U + T_D = \Delta t \times (N_1 + N_2) \tag{6-4}$$

$$T_U = \Delta t \times N_1 \tag{6-5}$$

$$T_D = \Delta t \times N_2 \tag{6-6}$$

则风速陡变占空比 ψ 定义为

$$\Psi = (T_R \times 100\%)/T = [(T_U + T_D) \times 100\%]/T \tag{6-7}$$

可以看出，风速陡变占空比位于 $[0\ 1]$ 的区间内，其值越大，意味着一段时间内风速陡变发生的时长越长，则意味着风速的间歇性较强。

相应的，风速陡升占空比 ψ_U 和陡降占空比 Ψ_D 分别为

$$\Psi_U = (T_U \times 100\%)/T \tag{6-8}$$

$$\Psi_D = (T_D \times 100\%)/T \tag{6-9}$$

在计算风速陡变占比的过程中，风速陡变正负阈值需要预先给定。本书中采用置信区间的概念来确定正负阈值。举例来说，假设 $\{\Delta v(t)\}$ 服从正态分布，则大约 95% 的风速差 $\Delta v(t)$ 位于区间 $[\mu - 2\sigma, \mu + 2\sigma]$ 内，即

$$P(\mu - 2\sigma < \Delta v(t) < \mu + 2\sigma) = 95\% \tag{6-10}$$

式中，μ、σ 分别为序列 $\{\Delta v(t)\}$ 的均值和标准差。如果分别令 $\theta_1 = \mu - 2\sigma, \theta_2 = \mu + 2\sigma$，则意味着区间内的风速差是正常的风速变化，而超出该区间的风速差则表示发生了陡变事件。除了置信区间的方法外，风速陡变正负阈值也可以根据实际应用时的工程需求来决定。

在上述定义的基础上，基于风电场真实风速数据，计算风速陡变占空比参数。计算过程中选取了 2 个风电场实测风速数据作为研究对象：①数据集 1。内蒙古风电场 2012 年 8 月至 2013 年 7 月测风塔数据，采样时间间隔为 5s；②数据集 2。吉林风电场 2012 年及 2013 年测风塔数据，采样时间间隔为 10min，分别记录了 80m、65m 及 50m 高度处的风速数据。

以内蒙古风电场 2013 年 1 月份风速数据为例，选取 Δt 为 1 min 进行计算。图 6-2 所示为计算得到的风速差序列 $\{\Delta v(t)\}$，统计其分布，如图 6-3 所示，可以

看出风速差的实际分布接近 T 分布（t location-scale）分布，因此利用该分布的置信区间来确定风速陡变正负阈值。在此基础上，选取观测时间窗口 T 为 1h，计算风速陡变占空比，结果如图 6-4 所示。可以看出不同时间下风速的间歇性存在较大的差异性，最大的陡变占空比出现在 1 月 31 号，约为 45%，说明风速陡变事件发生频繁且时长较长，意味着间歇性越强。

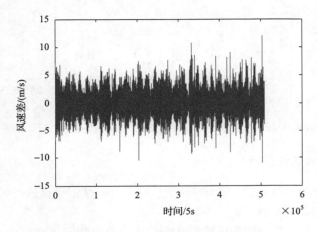

图 6-2　1min 时间间隔的风速差

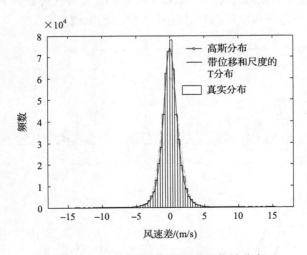

图 6-3　1min 时间间隔风速差的统计分布

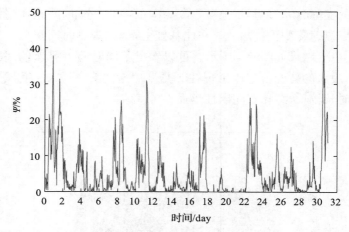

图 6-4　内蒙古风电场 2013 年 1 月份风速陡变占空比统计结果

6.3.2　统计参数特性分析

在实现风速间歇性定量度量的基础上,对风速陡变占空比进行统计分析,来研究风速间歇性的相关特性。

图 6-5 所示为计算得到的风速陡升占空比及风速陡降占空比的计算结果。可以看出,两者随时间变化的规律是一致的,即风速陡升与陡降是伴随发生的;而且同一时间段内风速陡升占空比与风速陡降占空比的数值接近。

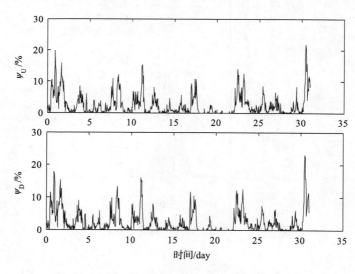

图 6-5　风速陡升占空比及陡降占空比统计结果

　　在最初计算风速陡变占空比时，选取的时间间隔 Δt 为 1 min，分别取时间间隔 Δt 为 5 min 和 10 min，重新计算风速陡变占空比，结果如图 6-6 所示。风速陡升占空比及陡降占空比的计算结果如图 6-7 和图 6-8 所示。

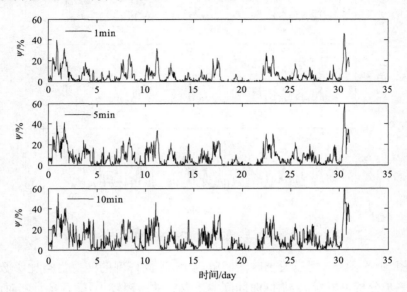

图 6-6　不同时间间隔下的 Ψ

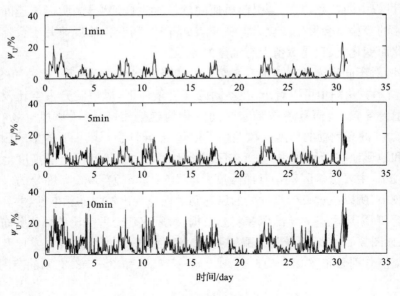

图 6-7　不同时间间隔下的 Ψ_U

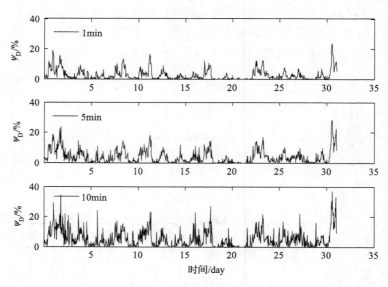

图 6-8　不同时间间隔下的 Ψ_D

从图 6-6～图 6-8 可以看出时间间隔越大,计算得到的陡变占空比参数越大。但是进一步分析可以看出,不同时间间隔下参数的差距较小,而且参数随时间变化的规律并不会随时间间隔的变化而变化。这是因为时间间隔 Δt 仅仅是计算 Ψ、Ψ_U、Ψ_D 过程中的参数,并不会引起风速间歇性发生任何变化,所以风速间歇性随时间变化的趋势不会发生变化,即 Ψ、Ψ_U、Ψ_D 随时间变化的规律并不会随时间间隔的变化而变化,仅仅是数值上有细微的差距。

此外,对不同高度的风速陡升占空比及陡降占空比进行计算,结果如图 6-9 和图 6-10 所示。从图中可以看出,在不同的高度条件下,风速陡升占空比及陡降占空比数值差异较小,而且参数随着时间变化的趋势相同,说明该风电场在 80m、65m 及 50m 的高度处的风速间歇性趋于相同,差异较小。风主要的影响因素有日照强度和地形地貌,而该风电场所在区域地形平坦,在 50m 以上的高度地形对风的影响较小,主要影响因素是日照强度。而 80m、65m 及 50m 高度处的日照强度差异性较小,所以在这三个高度处的风速间歇性呈现出较强的相似性,差异较小。

最后,利用风电场一年的风速实测数据,对风速陡变占空比的幅值分布进行统计,结果如图 6-11 所示。统计结果表明:92%的陡变占空比、陡升占空比及陡降占空比的幅值分别分布在 0%～16.21%、0%～7.85%和 0%～8.31%的范围内。

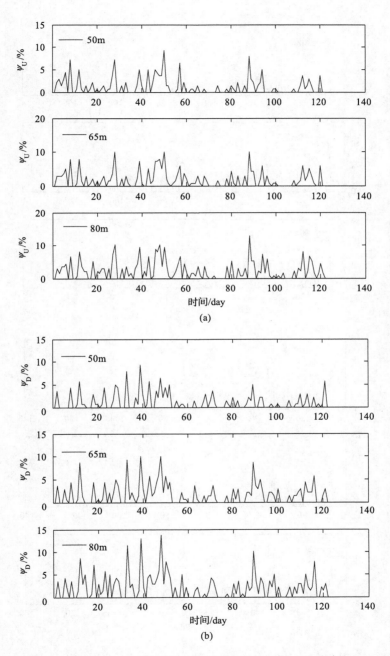

图 6-9　2012 年 9～11 月不同高度下的风速陡升占空比（a）及陡降占空比（b）

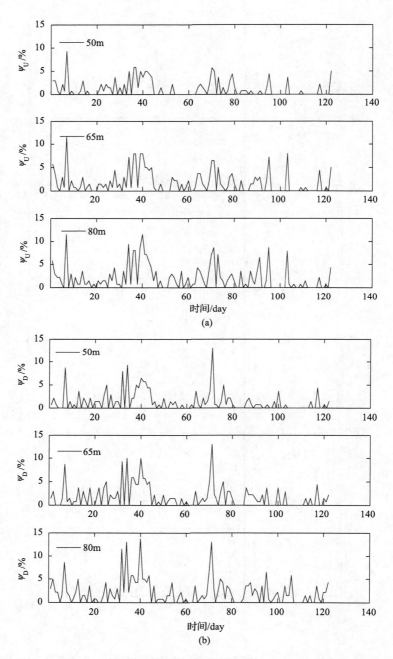

图 6-10　2013 年 9～11 月不同高度下的风速陡升占空比(a)及陡降占空比(b)

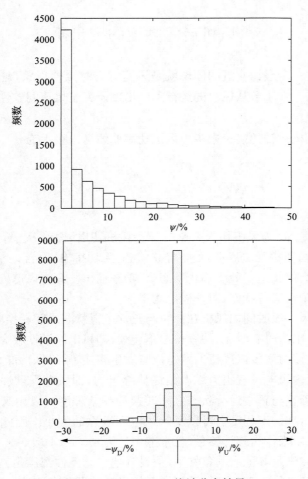

图 6-11　Ψ、Ψ_U、Ψ_D 统计分布结果

6.3.3　风功率陡变占空比

　　在基于风速陡变占空比度量风速间歇性研究的基础上,可以将该方法拓展至风功率间歇性的研究。

　　风功率间歇性定义:风功率的某些统计量在时间和空间场中分布不均匀的性质称为风功率间歇性。

　　在该定义的基础上,同样采用风功率陡变占空比来定量度量风功率的间歇性。相应的定义及计算方法与风速陡变占空比的定义及计算方法相同。

6.4　风机启停频度的定量研究

风速间歇性一个最为直观的体现就是风速时有时无的现象,进而导致风电功率的不连续输出。本小节从风机的运行角度出发研究了风速间歇性带来的风功率输出不连续的现象。

风是驱动风机运转的能量来源。风机功率曲线可以表示为

$$P_{\mathrm{w,k}}(V) = \begin{cases} 0 & \nu < \nu_{\mathrm{in}} \\ P_{\mathrm{w,k}}(V) & \nu_{\mathrm{in}} \leqslant \nu \leqslant \nu_{\mathrm{out}} \\ 0 & \nu > \nu_{\mathrm{out}} \end{cases} \tag{6-11}$$

式中,ν 为风速值;ν_{in} 为风机切入风速;ν_{out} 为风机切出风速;$P_{\mathrm{w,k}}(\nu)$ 为风机出力。

当 $\nu < \nu_{\mathrm{in}}$ 时,风机无法启动,处于静止状态,无功率输出;当 $\nu > \nu_{\mathrm{out}}$ 时,为了保护风机,风机也会停止运行处于静止状态,无功率输出。只有风速处于 ν_{in} 与 ν_{out} 之间时,风机处于正常运行状态,对外输出功率。

事实上,如果一段时间内风机在静止与正常运行状态之间转换频繁,则意味着该时间段内风电出力时有时无,功率输出不连续,即风电间歇性较大;相反地,在极端情况下如果在该时间段内风机的状态没有发生转换,始终保持静止或者运行,则意味着该时间段内风电没有出力或者始终持续出力,即风电间歇性较小。由此可以看出,风机在静止与正常运行状态之间转换的频繁程度可以用来度量风功率输出不连续的现象,在一定程度上可以反映风电间歇性的大小。因此选取风机单位时间内的启停频度来作为统计参量,在本节中记为 o。

一般而言,在满足其他启动条件下(假设其他启动条件都满足),当连续 10min 内风速在风机运行风速范围内时,风机即开始启动。因此在统计过程中,首先将原始风速进行 10min 平均处理;然后将平均后的风速进行离散化处理。离散化的规则如下:当风速小于切入风速或者大于切出风速时,将风速记为"0",表示风机无功率输出;而当风速大于切入风速且小于切出风速时,将风速记为"1",表示风机有功率输出,即

$$\nu = \begin{cases} 0 & \nu > \nu_{\mathrm{out}} \\ 1 & \nu_{\mathrm{in}} \leqslant \nu \leqslant \nu_{\mathrm{out}} \\ 0 & \nu < \nu_{\mathrm{in}} \end{cases} \tag{6-12}$$

在此基础上,风机单位时间启停频度的统计方法如下:当离散序列中相邻两个时刻对应的离散风速数值发生变化,即由 0 变为 1 或者由 0 变为 1 时,则表明风机状态发生变化,启停频度增加 1 次;当离散序列中相邻两个时刻对应数值保持不变

时,则表明风机状态未发生变化,启停频度不变。图 6-12 所示为风机单位时间启停频度 o 统计流程图。

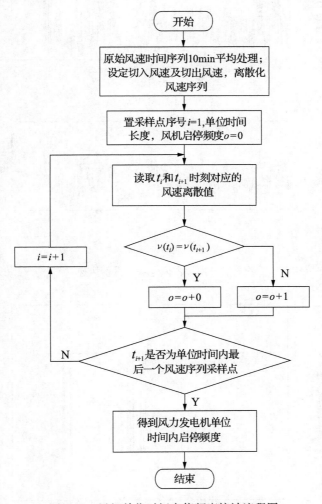

图 6-12　风机单位时间启停频度统计流程图

　　基于上述定义,同样以 6.3 节中的两个风电场作为研究对象。按照定义及计算流程图,计算风机单位时间启停频度。图 6-13(a)所示为内蒙古风电场 2013 年 1 月份原始风速时间序列,图 6-13(b)所示为 10min 平均处理后的风速序列,图 6-14 所示为离散化处理后的风速序列。在此基础上,取单位时间分别为 1 天和 1 小时,计算相应时段内的风机启停频度。限于篇幅,只给出一个月的风机日启停频度及一天内的风机小时启停频度,见图 6-15 和图 6-16 所示。

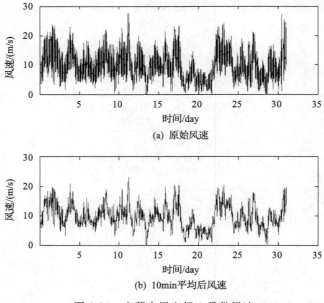

图 6-13　内蒙古风电场 1 月份风速

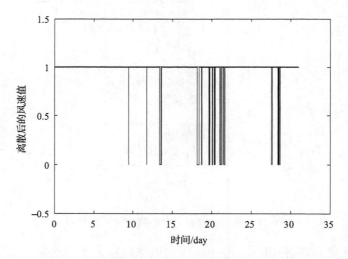

图 6-14　内蒙古风电场 1 月份离散处理后风速序列

由图 6-15 可以看出,内蒙古风电场 1 月份风机日启停频度差异明显,最大值出现在 22 日,表明该天内风机在正常运行与静止状态转换频繁,风机出力不连续,表现出较强的风电间歇性。图 6-16 所示为 1 月 22 日风机小时启停频度,可以看出在一天 24h 中,风机小时启停频度也存在明显差异性,不同时间段内间歇性不同。在此基础上,对风机单位时间启停频度的变化特性展开研究。

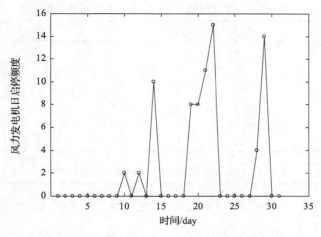

图 6-15　内蒙古风电场 1 月份风机日启停频度

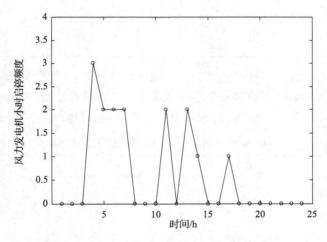

图 6-16　内蒙古风电场 1 月 22 日风机小时启停频度

1. 风机启停频度的季节、昼夜变化特性

在上述基础上,对风机单位时间启停频度进行统计分析,从而对风机启停频度的季节、昼夜变化特性进行研究。表 6-2 所示为内蒙古风电场每月风机总的启停频度统计结果(10 月份风电运行数据缺失)。可以看出,5、6、7、8 及 9 月的日启停频度较大,即大致在春季和夏季风电出力连续性较差,表现出较强的间歇性,而其他季节风电出力间歇性较弱。表 6-3 所示为内蒙古风电场昼夜风机总启停频度统计结果,表中数据显示,除 11 月外,白天的风机小时启停频度均大于夜晚,即白天的风电出力连续性较差,白天风电间歇性要强于夜间。

表 6-2 内蒙古风电场 1～12 月风机总启停频度

月份	频度	月份	频度
1	74	7	244
2	34	8	294
3	60	9	264
4	104	10	—
5	196	11	44
6	260	12	86

表 6-3 内蒙古风电场 1～12 月昼夜总启停频度

月份	白天	夜晚	月份	白天	夜晚
1	55	19	7	136	108
2	19	15	8	171	123
3	32	28	9	183	81
4	60	44	10	—	—
5	128	68	11	20	24
6	141	119	12	53	33

采用吉林风电场 2013 年数据进行同样的统计计算,结果如表 6-4 和表 6-5 所示。可以看出,吉林风电场大致在冬季和春季风电出力的连续性较差,表现出较强的风电间歇性。除 6 月份及 8 月份外,白天的出力连续性差,风电间歇性要强于夜晚。

表 6-4 吉林古风电场 1～12 月风机总启停频度

月份	频度	月份	频度
1	154	7	127
2	68	8	49
3	114	9	69
4	105	10	61
5	78	11	45
6	80	12	83

表 6-5 吉林古风电场 1～12 月风机昼夜总启停频度

月份	白天	夜晚	月份	白天	夜晚
1	93	61	7	73	54
2	48	20	8	18	31
3	67	47	9	43	26
4	78	27	10	31	30
5	42	36	11	26	19
6	31	49	12	49	34

影响风速的因素有地形、日照强度、气候等。内蒙古与吉林地区地形、日照强度及气候条件存在较大差异,因此风电间歇性的季节变化特性存在差异。对于同一个地区,地形条件相同,白天既有日照强度引起的热力湍流,又有地形条件引起的动力湍流,而夜晚仅有动力湍流,所以一般情况下白天风速变化较为剧烈,白天的风电间歇性要强于夜晚。

2. 风机单位时间启停频度概率分布

在上一小节的基础上,进一步对风机单位时间启停频度的概率分布进行统计,统计结果如图 6-17 及图 6-18 所示。

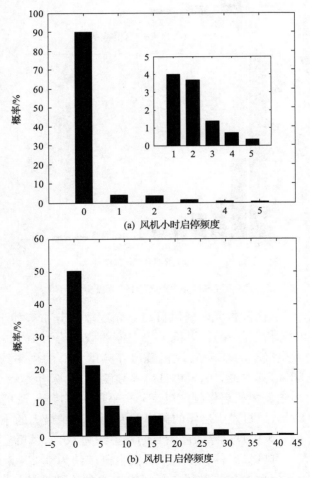

图 6-17　内蒙古风电场风机启停频度概率分布

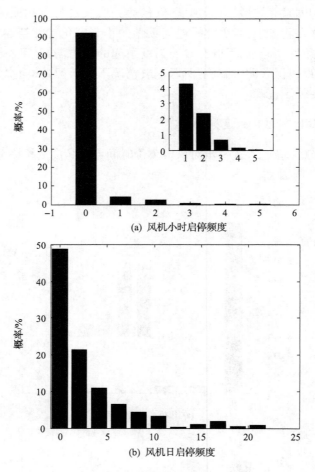

图 6-18　吉林风电场风机启停频度概率分布

　　根据图 6-17 可知,内蒙古风电场风机启停频度概率分布有如下特点:风机小时启停频度为 0 的概率约为 90%,风机发生启停的概率约为 10%,其中最大的小时启停频度为 5,发生概率为 0.4%;风机日启停频度为 0 的概率约为 50%,发生启停的概率约为 50%,其中最大的风机日启停频度为 44,发生概率为 0.33%。由图 6-7 可知,吉林风电场风机启停频度概率分布呈现如下特点:风机小时启停频度为 0 的概率约为 92%,风机发生启停的概率约为 8%,其中最大的小时启停频度为5,发生概率约 0.1%;风机日启停频度为 0 的概率约为 48%,风机发生启停的概率为 52%,其中最大的风机日启停频度为 22,发生概率约为 0.2%。从上述结果可以看出,相比于内蒙古风电场,吉林风电场风电出力的连续性较好,意味着其间歇性较弱。

6.5　本章小结

间歇性是风电的固有属性之一,大规模风电并网后,风电间歇性危害电力系统的安全稳定运行,提高了大规模风电并网的运行费用,是未来风电成为自主、可靠的电力系统电源所面临的重大挑战,因此对风电间歇性进行定量研究并掌握其特性是风电安全高效并网研究工作的基础。本章从风的物理本质的角度出发,将风电间歇性追溯至湍流间歇性,借鉴湍流间歇性的研究对风电间歇性进行定义,并提出风速陡变占空比和风功率陡变占空比这两个参数分别对风速间歇性及风功率间歇性进行定量刻画。同时从风机启停的角度出发,基于风机单位时间启停频度这一参数对风电出力的连续性进行了研究,一定程度上也可以反映风电的间歇性。

参 考 文 献

[1] Black M, Silva V, Strbac G. The role of storage in integrating wind energy[C]// Future Power Systems, 2005 International Conference on. IEEE, 2005:6 pp. -6.

[2] Black M, Strbac G. Value of storage in providing balancing services for electricity generation systems with high wind penetration[J]. Journal of Power Sources, 2006, 162(2):949-953.

[3] Soman S S, Zareipour H, Malik O, et al. A review of wind power and wind speed forecasting methods with different time horizons[C]// North American Power Symposium (NAPS), 2010. 2010:1-8.

[4] Sideratos G, Hatziargyriou N D. An Advanced Statistical Method for Wind Power Forecasting[J]. IEEE Transactions on Power Systems, 2007, 22(1):258-265.

[5] Tritton D J. Physical fluid dynamics[M]. Springer Science & Business Media,2012.

[6] Yong-nian H, Ya-dong H. On the transition to turbulence in pipe flow[J]. Physica D: Nonlinear Phenomena 1989; 37(1): 153-159.

[7] Batchelor G K, Townsend A A. The nature of turbulent motion at large wave-numbers[C]// Proceedings of the Royal Society of London. Series A. Mathematical and Physical Sciences, 1949; 199(1057): 238-255.

[8] McComb W D. The physics of fluid turbulence[J]. Chemical Physics 1990, 1.

[9] Siggia E D. Numerical study of small-scale intermittency in three-dimensional turbulence[J]. Journal of Fluid Mechanics 1981; 107: 375-406.

[10] Meneveau C, Sreenivasan K R. The multifractal nature of turbulent energy dissipation[J]. Journal of Fluid Mechanics 1991; 224(3): 429-484.

[11] Hajj M R. Intermittency of energy-containing scales in atmospheric surface layer[J]. Journal of engineering mechanics 1999; 125(7): 797-803.

[12] Katul G G, Parlange M B, Chu C R. Intermittency, local isotropy, and non-Gaussian statistics in atmospheric surface layer turbulence[J]. Physics of Fluids (1994-present) 1994; 6(7): 2480-2492.

[13] International Electrotechnical Commission. IEC61400-1,Wind Turbines-Part 1; Design Requirements [S]. Third Edition 2005-08. Geneva: International Electrotechnical Commission, 2005.

[14] 盛科, 刘超, 杨佳元,等. 基于 CFD 的风电场湍流强度计算研究与应用[C]// 中国农机工业协会风能设备分会风能产业. 2014.

第 7 章 风速日周期特性研究

7.1 引　言

电力系统的调度规划周期是以一天为单位的。以风电日前预报为例，一般都是当日上报第二日的负荷预报曲线。如果与风电预报相关的参量具有日周期特性，则对新能源电力系统的调度计划安排有一定的指导意义。由第 2 章和第 3 章可知风电的驱动力风速是大气的一种运动形式。大气的垂直分布按大气温度可分为对流层、平流层、中层、热成层，对流层中紧贴地球表面 $100\sim200\mathrm{m}$ 的气层叫作边界层。目前风电场的测风塔高度一般在 120m 以下，基本上位于边界层内。太阳东升西落的日变化对大气边界层的对流运动等影响很大[1]，因此，大气边界层具有明显的日变化特性。文献[2]通过不同地区不同地形风电场湍流强度的日变化和年变化实际情况，总结其特点及背后的影响因素。但是，研究的出发点是对风力发电机组及风电场设计提出相应的应对措施。而本章是从电力系统的实时调度与优化控制的角度出发，不仅研究了湍流强度的日周期模式，而且还研究风速变差、风速陡变占空比的日周期变化模式。

7.2　时间序列的周期性分析方法

自相关分析是一种常用于寻找重复模式的数学工具，如存在一个被噪声掩盖的周期性的信号。自相关用于描述一个信号在一定的时移前后 $x(t)$ 与 $x(t+\tau)$ 之间的依赖关系（τ 表示时间延迟）。通常自相关分析用相关函数来表示，定义为

$$R_x(\tau) = \lim_{T \to \infty} \frac{1}{T} \int_0^T x(t)x(t+\tau)\mathrm{d}t \tag{7-1}$$

就周期信号而言，信号的周期即表示上式中的时间 T。利用公式（7-1）进行计算时，若信号所属的 T 接近于无穷大的时候，那么 $\frac{1}{T}$ 则越接近于 0，此时公式（7-1）则可用如下的公式来替代：

$$R_x(\tau) = \int_{-\infty}^{+\infty} x(t)x(t+\tau)\mathrm{d}t \tag{7-2}$$

为了便于实际应用，同一个信号中，某一时刻所对应的信号与时延后的信号之

间存在的依赖关系用自相关系数 $\rho_{xx}(\tau)$ 来衡量,其中经典的自相关系数为 Pearson 自相关系数。

假设 $\{x(t)\},t=1,2,\cdots,n$ 是随机时间序列,则信号 $x(t)$ 与相隔时间延迟 τ 的信号 $x(t+\tau)$ 的协方差 $r(\tau)$ 定义如下式所示:

$$r(\tau) = \text{cov}(x(t),x(t+\tau)) = E\big[(x(t)-\bar{x})(x(t+\tau)-\bar{x})\big] \qquad (7\text{-}3)$$

信号 $x(t)$ 与相隔时间延迟 τ 的信号 $x(t+\tau)$ 的自相关系数 $\rho_{xx}(\tau)$ 定义为

$$\rho_{xx}(\tau) = \frac{r(\tau)}{r(0)} \qquad (7\text{-}4)$$

因为 $|\rho_{xx}(\tau)| \leqslant |\rho_{xx}(0)|$,所以自相关系数 $\rho_{xx}(\tau)$ 的取值范围为 $-1 \leqslant \rho_{xx}(\tau) \leqslant 1$。相关系数前面的正负号仅仅代表信号 $x(t)$ 与 $x(t+\tau)$ 之间变化的方向,并没有大小意义。

7.3　风速方差的周期特性研究

7.3.1　风速方差日周期特性

通过第 3 章的研究可以看出,实际风速波动方差是非常复杂的。虽然,第 3 章给出了能够定量刻画的三参数幂律模型,但是模型还是存在拟合误差的。图 7-1 所示为利用模型计算出的波动方差和实际方差的对比,可以看出风速方差的拟合误差较大,这说明拟合模型不够完善,需要进一步进行改进。为此考虑是否有其他的影响因素,导致模型拟合误差较大。为了进一步研究,定义拟合误差如下所示:

$$e = \sigma - (\alpha \cdot \bar{v}^{-\beta} + c) \cdot \bar{v} \qquad (7\text{-}5)$$

式中,σ 为实际风速方差;$\bar{v}$ 为实际小时级平均风速;而 α、β 和 c 为通过数据拟合得到的唯一常数。

对拟合误差进行自相关分析,结果如图 7-2 所示。可以看出,拟合误差的自相关系数存在周期性的波峰和波谷,进一步分析可以看出,波峰或者波谷每隔 1 天出现一次。这表明拟合误差存在很强的日周期特性,即风速方差存在日周期特性,进而说明风速湍流强度存在日周期特性,这与文献[2]的结论是一致的。上述结果说明拟合模型的参数在一天中的差异性较大,是不可忽略的,因此对一天 24h 的风速湍流强度分别建立分时湍流强度模型,如图 7-3 所示。可以看出:24h 分别建立分时模型的拟合效果较好。在此基础上,进一步对模型参数的 24h 变化进行统计分析。

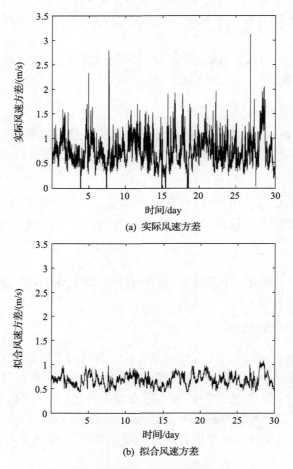

图 7-1　风速的实际方差及拟合模型得到的风速方差

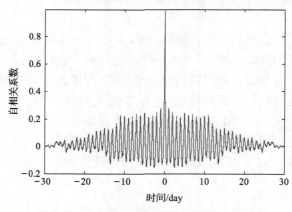

图 7-2　风速方差拟合误差自相关分析结果

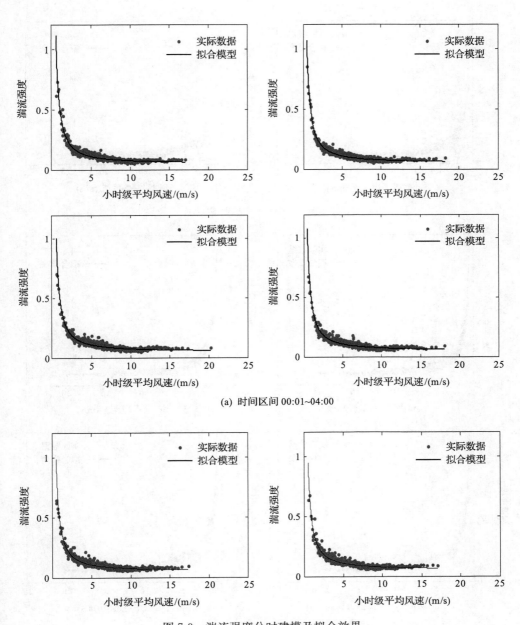

(a)　时间区间 00:01~04:00

图 7-3　湍流强度分时建模及拟合效果

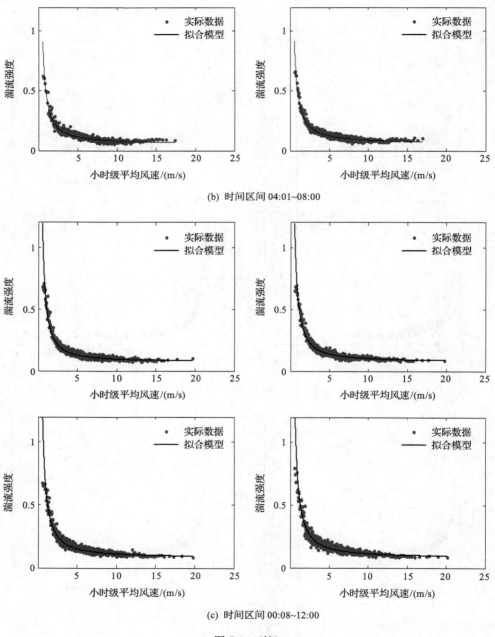

(b) 时间区间 04:01~08:00

(c) 时间区间 00:08~12:00

图 7-3 （续）

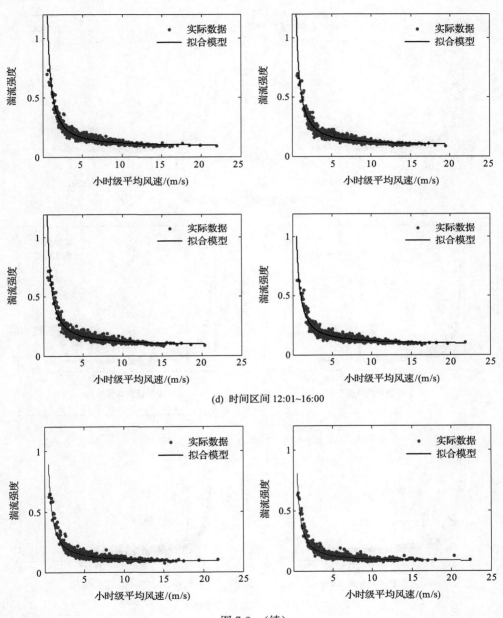

(d)　时间区间 12:01~16:00

图 7-3　（续）

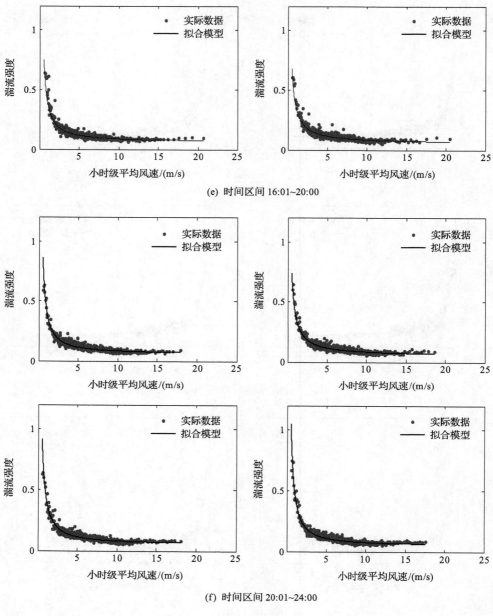

(e) 时间区间 16:01~20:00

(f) 时间区间 20:01~24:00

图 7-3 （续）

图 7-4 所示为图 7-3 中分时模型的模型参数在 24h 内的变化规律。可以看出：模型参数在 24h 内的差异性非常大，这一结果也反过来证明了分时模型的必要性。

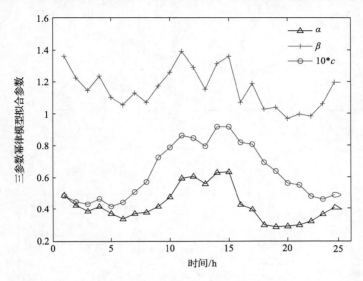

图 7-4　模型参数的 24h 变化规律

在上述研究的基础上，进一步对湍流强度本身进行研究，研究湍流强度的日周期变化模式。风机的工作区间位于切入风速和切出风速之间，为此本书定义了平均湍流强度：风机发电的有效风速区段（即 3～25m/s 的风速段）所对应的湍流强度的均值定义为风机轮毂高度对应的平均湍流强度。

图 7-5 为利用拟合模型得到的不同风速湍流强度的日周期变化模式；图 7-6 所示为用实测数据得到的不同风速湍流强度的日周期模式。所以，不论是从拟合模型还是实际数据，都可以证实湍流强度的日周期变化模式是实际存在的。

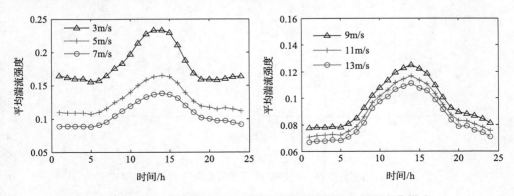

图 7-5　利用拟合模型得到的不同风速湍流强度的日周期变化模式

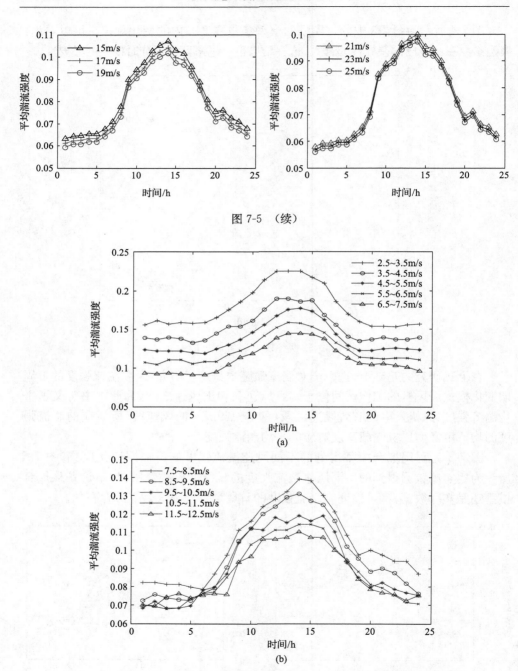

图 7-5　（续）

(a)

(b)

图 7-6　用实测数据得到的不同风速湍流强度的日周期模式

7.3.2 不同因素对风速方差日周期特性的影响

1. 季节月份对日周期特性的影响

本书的研究出发点是新能源电力系统的实时调度与优化控制,因此,我们基于平均湍流强度刻画参数对日周期特性进行定量细化分析研究。图 7-7 所示为湍流强度日周期的季节月份变化模式,包括湍流强度在四个季度的日周期变化模式和十二个月的日周期变化模式。从图中可以看出,季节月份对同一地域的湍流强度日周期变化模式影响很大;一般,春季平均湍流强度最大而冬季平均湍流强度最小;就单个月份的平均湍流强度而言,最大值出现在 5 月份和 9 月份;就一天的 24h 变化而言,平均湍流强度的最大值出现下午 14:00~15:00 左右、最小值出现在当日晚上 20:00~第二天早上 08:00 左右;但是,具体到最大值的出现时间,季节和月份都是不同的。具体说来,冬季的平均湍流强度最大值出现的时间比其他季节更早一些,依次为冬季、秋季、夏季和春季。

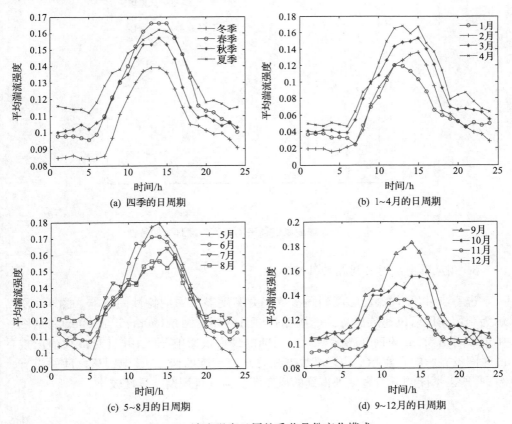

图 7-7　湍流强度日周的季节月份变化模式

由于本文调研的风电场都位于中国北方典型地域,因此,本文以论述陆地湍流强度的变化模式为主,时间长度为 4 年。后期,将进一步调研沿海、沿湖风电场。陆地湍流强度的日周期变化模式存在主要是由于日变化引起,由于不同季节月份的光照强度和光照时间是不同的,从而导致湍流强度的日周期特性存在较大的差异性。

2. 地域对日周期特性的影响

进一步基于平均湍流强度参数对三个不同地域风电场的 1 年时间长度的风速数据进行分析研究。图 7-8 所示为不同地域的风电场平均湍流强度日周期特性。从图中可以看出,不同风电场的日周期模式差异性较大,而且最大值出现的时间也不同。主要原因是由于不同风电场的经纬度差异性很大(从北方东部到中部,再到西部),日出日落时间不同,造成了最大值出现时间偏移。

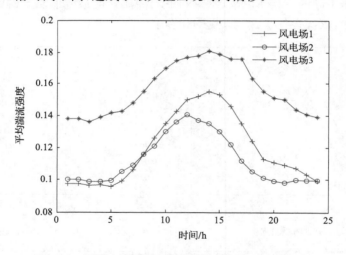

图 7-8　不同地域的风电场平均湍流强度日周期特性

3. 测风塔高度对日周期特性的影响

进一步,以平均湍流强度刻画参数研究高度对日周期特性的影响。图 7-9 所示为利用测风塔风速数据得到的湍流强度日周期的结果(50m、65m、80m)。从图中可以看出,30m 的垂直高度差对日周期的最大值影响不大;并且对最大值出现的时间没有影响。实际上测风塔数据只是垂直高度的变化,其他因素之间并没有差别,所以不同测风塔高度处得到的风速湍流强度日周期差异性较小。

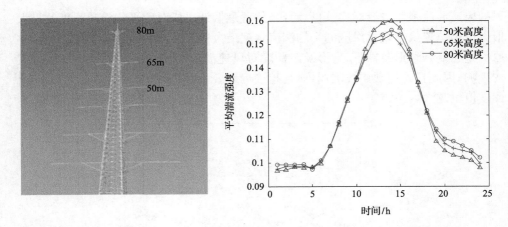

图 7-9　不同高度的风速平均湍流强度日周期特性

4. 地貌对日周期特性的影响

图 7-10 所示为一组地形地貌比较复杂的风电场数据的分析结果。从图中可以看出，复杂多样的地形地貌和变化较大的地表粗糙度已经将日照的日变化影响削弱，日周期变化模式不规则。

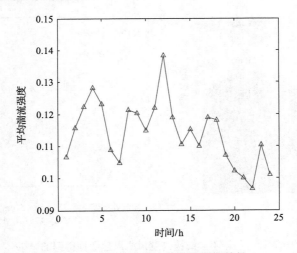

图 7-10　复杂地形地貌的日周期特性

对中国另一个复杂地形地貌风电场的多台不同海拔高度风机的数据进行分析，结果如图 7-11 及图 7-12 所示。从图中可以看出，离地面较近机组的日周期模式受复杂地形地貌的影响，日周期变化模式表现出无规律性；越往高处，风机的轮毂高度风速湍流强度的日周期模式越明显。对不同海拔高度范围 1610～1786m

下的风速湍流强度进行对比,可以看出,位置最低处风机对应平均湍流强度的最大值大致是位置最高风机对应的平均湍流强度最大值的 2 倍。造成上述结果的主要原因是在复杂地形条件下,地形及粗糙度对风速湍流的影响已经超过了日照强度的影响,因此日周期现象被削弱,而且越接近地表,地形和粗糙度的影响越大,湍流强度值也越大。

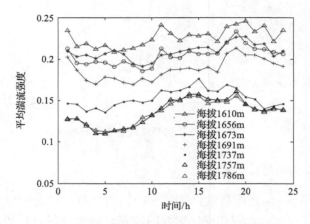

图 7-11　复杂地形地貌下平均湍流强度日周期特性

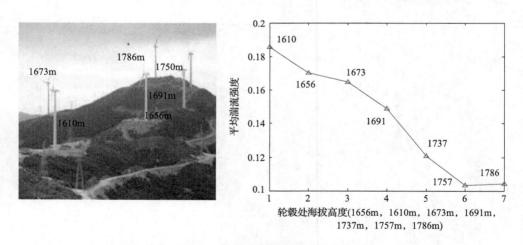

图 7-12　利用不同海拔高度风机风速数据得到的结果

7.3.3　时变建模方法消除日周期特性的影响

图 7-3 所示的湍流强度的分时建模及拟合效果,给出了进一步优化模型的启示:可以采用时变参数模型来进行拟合,从而得到较高的拟合精度。定义时变参数模型如下:

$$\sigma(t)/\bar{v}(t) = \alpha(t) \cdot \bar{v}(t)^{-\beta(t)} + c(t) \tag{7-6}$$

式中，$\sigma(t)$ 为实际风速方差；$\bar{v}(t)$ 为实际小时级平均风速；$\alpha(t)$、$\beta(t)$ 和 $c(t)$ 为通过数据拟合得到的一组常数，通过分时建模拟合得到。

在建立时变模型的基础上，对风速方差进行拟合，结果如图 7-13 所示，可以看出，时变模型得到的拟合结果更接近于实际值，时变参数模型的拟合效果更好。对拟合误差同时进行自相关分析，如图 7-14 所示，与图 7-2 的结果对比可以看出，拟合误差的日周期特性明显被削弱。

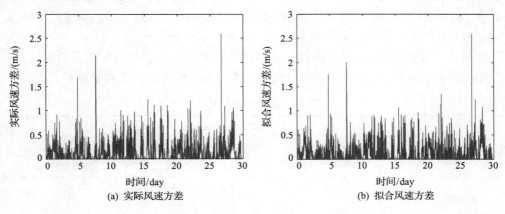

(a) 实际风速方差　　　　　　　　　(b) 拟合风速方差

图 7-13　考虑日周期特性时变模型的拟合误差分析

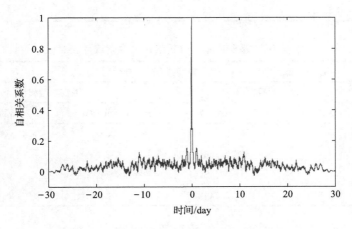

图 7-14　时变模型拟合误差自相关分析结果

为了进一步分析拟合误差、量化拟合效果，定义了以下四个指标：

$$\text{MNAE} = \frac{1}{n}\sum_{i=1}^{n}\left|(y_{ri} - y_{fi})/y_{ri}\right| \tag{7-7}$$

$$\text{MNSE} = \frac{1}{n}\sum_{i=1}^{n}|(y_{ri}-y_{fi})^2/y_{ri}^2| \tag{7-8}$$

$$\text{HASL} = k_{(\rho_k>0.6)} \tag{7-9}$$

$$\text{MAC} = \frac{1}{n}\sum_{k=1}^{n}|\rho_k-\min(\rho_k)| \tag{7-10}$$

式中，MNAE 和 MNSE 分别为平均相对误差和平均相对均方根误差；y_{ri} 和 y_{fi} 分别为利用风速数据计算所得的实际方差值和利用模型拟合得到的方差值；HASL 和 MAC 分别为高度自相关的步长和自相关系数的均值；ρ_k 为自相关系数；$\min(\rho_k)$ 为自相关系数最小值；$k_{(\rho_k>0.6)}$ 为 ρ_k 大于 0.6 的步长。

表 7-1 和表 7-2 所示分别为拟合残差统计表和拟合误差的自相关分析表。从表中的结果对比可以看出，时变参数模型比单一参数模型的拟合效果更好。

表 7-1　拟合残差统计表

算例	模型拟合效果分析			
	单一参数模型		时变参数模型	
	MNAE/%	MNSE/%	MNAE/%	MNSE/%
1	47.53	13.90	38.78	9.56
2	36.12	15.21	28.40	10.44
3	27.73	7.68	25.11	6.73
4	33.41	10.87	27.71	7.88

表 7-2　基于自相关分析的拟合误差统计表

算例	模型拟合效果分析			
	单一参数模型		时变参数模型	
	HASL/%	MAC/%	HASL/%	MAC/%
1	8	0.1222	3	0.1091
2	8	0.2661	2	0.0943
3	2	0.1181	1	0.0658
4	5	0.1493	2	0.0853

7.4　风速变差的日周期特性研究

受上述风电方差的日周期特性启发，我们考虑风电变差是否也具有日周期特性？因此，按照上述方法首先对风速变差进行计算分析。图 7-15 所示为一个月风速变差时间序列的自相关函数分析结果,采用的变差计算时间间隔分别为 $\Delta t =$ 30s、$\Delta t =$1min、$\Delta t =$5min 和 $\Delta t =$15min。图 7-16 所示为一年风速变差时间序列的部分分析结果,变差计算的时间间隔与图 7-15 相同。从图中可以发现:在上述 4 个时间间隔下计算得到的变差自相关分析结果中都存在周期性的波峰和波谷。进一步分析表明,波峰和波谷每隔一天发生。这些自相关分析结果表明,在变差的时间序列中存在周期成分,并且周期为 1 天。换言之,在风速变差时间序列中存在日周期特性。

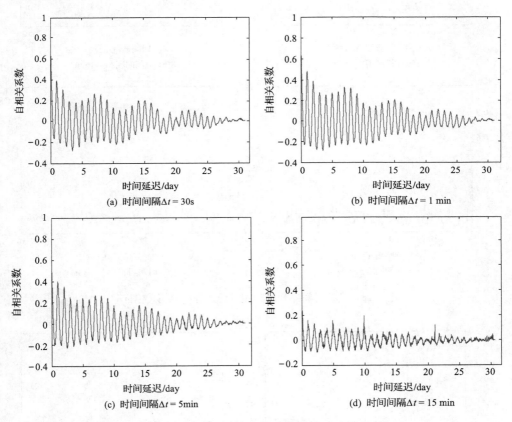

图 7-15　变差时间序列的自相关函数分析(1 个月数据)

接下来对日周期性具体模式进行详细研究。为此,计算在一个月内(或在一年内)每个小时的平均风速变差 $\bar{\gamma}(\Delta t)$。图 7-17 和图 7-18 所示为一天内风速变差值随时间的变化曲线。从图中可以观察到一个普遍的日周期变化模式:从早上 8 点到下午 6 点的 $\bar{\gamma}(\Delta t)$ 值更大,在一天中的其他时间相对较小,而且在中午 12 点到下午 4 点之间 $\bar{\gamma}(\Delta t)$ 达到最大值。这与风速方差的日周期特性是一致的。

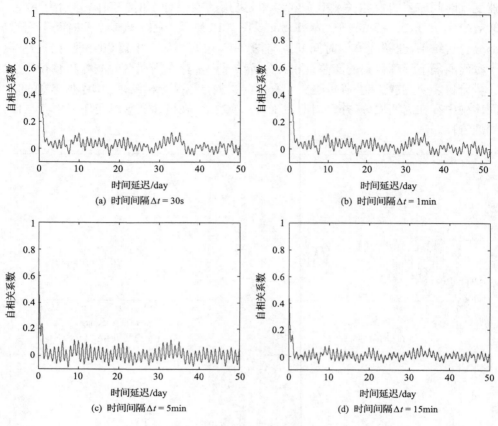

图 7-16　变差时间序列的自相关函数分析(1 年数据)

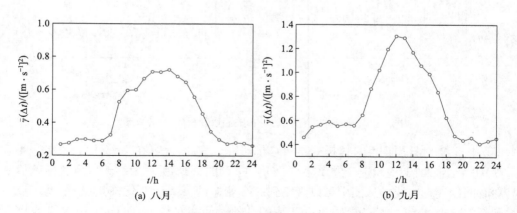

图 7-17　风速变差函数的日周期性(一个月数据)

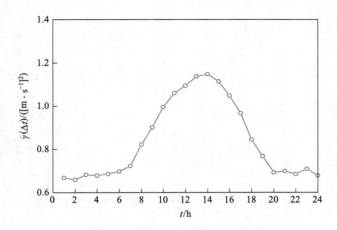

图 7-18　风速变差函数的日周期性(一年数据)

　　为了进一步验证风速的变差函数的日周期的普遍模式,统计不同时间间隔下的风速变差日周期,如图 7-19 和图 7-20 所示。可以看到不同的时间间隔下,风速变差的日周期性依然存在。一般来说,从早上 8 点到下午 6 点风速变差值相对较大,在一天中的其他时间该值相对较小。特别地,风速变差值在中午 12 点到下午 4 点之间达到顶峰。

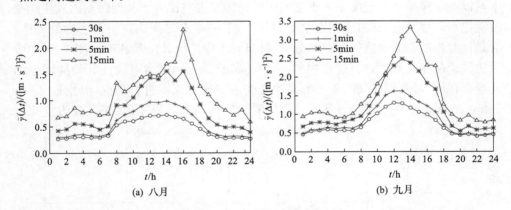

(a) 八月　　　　　　　　　　　　　　(b) 九月

图 7-19　不同时间间隔 Δt 下的变差函数日周期性(一个月数据)

　　上述风速变差的日周期统计结果表明:与风速方差的日周期研究结果相类似,在早上 8 点到下午 6 点之间风速比一天中的其他时间点变化得更快,并且在中午 12 点到下午 4 点之间风速的变化率最快。

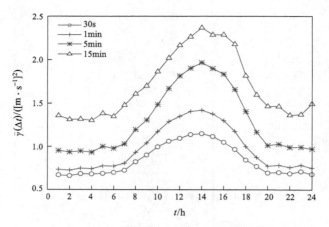

图 7-20　一年内不同时间间隔 Δt 下的风速变差函数的日周期性

7.5　风速陡变占空比的日周期特性

采用相同的方法对第 6 章中风电间歇性的度量参数风速陡变占空比的日周期进行研究,结果如图 7-21 所示。可以看出,风电间歇性存在明显的日周期。从图中可以看出早晨 8 点至晚上 8 点之间的风速陡变占空比大于其他时刻的风速陡变占空比,而且风速陡变占空比在中午 12 点至下午 4 点之间达到一天中的最大值。对其他月份的数据也进行同样的分析,结果同图中的统计结果相似。图 7-21 中所示的风速陡变占空比计算过程中的时间间隔 Δt 为 1min,为了验证日周期现象的普遍存在性,对不同时间间隔下的风速陡变占空比日周期进行研究,分别取 Δt 为 5min、10min,结果如图 7-22 所示。可以看出不同时间间隔下,风速陡变占空比日

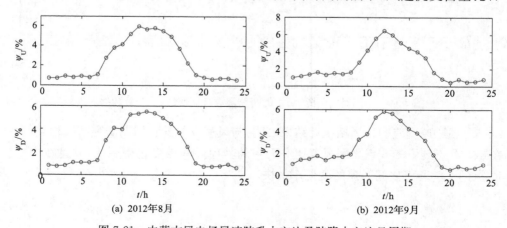

(a) 2012年8月　　　　　　　　　　　　　(b) 2012年9月

图 7-21　内蒙古风电场风速陡升占空比及陡降占空比日周期

周期现象依然存在。风速陡变占空比日周期现象说明白天风电间歇性要强于夜晚,而且在中午 12 点至下午 4 点之间风电间歇性达到一天内的峰值。

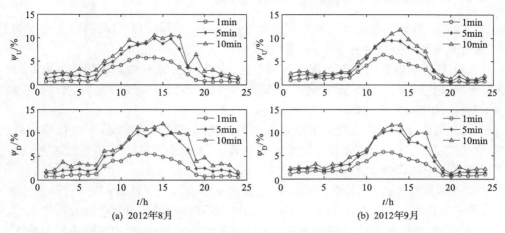

图 7-22　内蒙古风电场不同时间间隔下风速陡升占空比及陡降占空比日周期

7.6　日周期的物理机制分析及应用探讨

7.6.1　日周期特性的物理机制分析

　　风电的日周期现象源于大气湍流的产生机制。大气边界层中产生湍流的因素主要有两个:①热力原因,地面位置的空气被太阳加热产生热泡上升,形成湍涡,称为热力湍流;②动力原因,地面对气流的摩擦拖拽力产生风切变,常常演变为湍流,称为动力湍流。因此,白天为动力湍流与热力湍流,而晚上只有动力湍流。

　　当湍流中热力湍流占据主导因素时,就会导致出现明显的日周期现象;而在复杂地形、地貌、及地面粗糙度的条件下,动力湍流占据主导因素,日周期现象就会被削弱,甚至完全消失。此外,日周期特性表明影响湍流的因素会影响模型的参数,地域、地形地貌、季节、天气模式(如晴雨天气等)等都会对大气湍流产生影响、后续风速湍动方差模型的研究将从这个视角进行细化和深化。山区复杂下垫面近地层湍流受局部地貌绕流的影响,这是形成湍流强化的主因,明显要比日照所形成的热力湍流强度要强,淹没了日周期特性;复杂下垫面离地面越近受地面影响越大,湍流强度要远大于高空湍流强度;平原、高原地势平坦地区的日周期有明显共性,体现出很强的大气边界层湍流的内禀特性;一般地,午间的湍流强度峰值和夜间的平均湍流强度的比值一般在[1.4,1.8]这个区间内;这个量化规律对于白天和夜间的调度问题有一定实际意义;理论上,不同纬度平原地区的日周期特性应该有明显的相位差,后期会通过继续收集更全面的数据来建模。

7.6.2　日周期对风电安全高效应用的意义分析

实际上,日周期是一种更长天气过程对风速的日调制过程。因此,研究日周期特性对风电预报及并网有一定的实际意义。

(1)日周期特性表明影响湍流的因素会影响风电方差和变差模型的参数。因此,地域、地形地貌、季节、天气模式(如晴雨天气等)等会对大气湍流产生影响的因素均会对风电特性产生影响。

(2)风速方差的日周期其实也是驱动力风速随机波动的体现,所以在给出风速波动范围的时候,湍流强度大的地方风速波动的范围相应大一些,反之亦然,而不是给出一个等宽度的波动范围;

(3)风速变差的日周期性表明,风电变化速率在一天不同时间是不同的。因此,系统运营人员必须在一天中的不同时间安排不同的策略。更具体地说,当太阳强度更强时,必须提供响应速度更快的互补电源和控制策略,保证新能源电力系统的安全高效运行。

(4)风速方差和变差的日周期特性对于风电场的竞价上网也有一定的参考价值。

7.7　本章小结

基于自相关分析发现了风电的日周期特性。将风机发电有效运行风速区段所对应的湍流强度的均值作为该风机轮毂高度对应的平均湍流强度,定义了平均湍流强度,在考虑季节、地域以及高度等因素的基础上深入研究了风电方差的日周期特性,日周期特性随昼夜、季节、地域地貌等因素呈现明显的差异性;在此基础上,也研究了风速变差、及风速间歇性刻画指标——风速陡变占空比的日周期特性。针对日周期特性和物理机制以及日周期特性对风电安全高效利用的实际意义进行了必要的探讨分析。

参 考 文 献

[1] 任国瑞. 风电随机波动的方差预报研究[D]. 哈尔滨工业大学, 2015.
[2] 李鸿秀, 朱瑞兆, 王蕊, 等. 不同地形风电场湍流强度日变化和年变化分析[J]. 太阳能学报, 2014(11): 2327-2333.

第 8 章　风速可预报性分析研究

8.1　引　　言

近年来,随着风电的大规模开发利用,电力系统的安全性和稳定性受到风电波动的威胁。因此,电力系统的控制运营和调度人员必须供应充足的备用容量来平抑风电功率的实时波动。风电功率预测可以为电力系统提供重要的参考信息,有助于合理安排互补电源的容量。风速是风电的主要驱动因素,因此许多学者致力于风速预报的研究,但是由于风速是一个非平稳随机过程,具有强烈的随机性、波动性和间歇性,风速预报始终存在误差,而且,预报的时长越长,预报结果的误差越大,风速预报结果的可信度越低。因此需要对风速的可预报程度,即可预报性进行讨论。

由第 2 章的内容可知,目前风速预报方法大致分为物理预报方法及基于历史数据的统计预报方法。事实上,对于物理预报方法即数值天气预报的方法而言,在模型的发展初期,就开始探讨在模式准确而初始资料存在一定误差的条件下,对天气及气候的预报能达到何种水平[1]。1963 年,Lorenz 在计算机上使用微分方程组进行关于天气预报的研究时偶然发现,输入初始条件的极细微的舍入误差可以引起模拟结果的巨大变化。为此,他用了一个形象的比喻来说明这个发现:一只小小的蝴蝶在巴西的上空扇动翅膀,可能在一个月后的美国德克萨斯州引起一场风暴。这就是众所周知的"蝴蝶效应"[2]。据此,Lorenz 指出即使在模式完美无缺、初始条件近乎完全正确的情况下,大气的可预报时段也是有限的,因此需要对天气可预报时间的上限进行估计。

可预报性研究是当前国际大气科学研究中的前沿热点领域,其中预报结果的不确定性和预报时限是该领域研究所关心的两个最关键的可预报性问题。由于天气和气候的可预报性受到了模式误差和初始误差的限制,假定模式是完美的,仅仅考虑由初值的不确定性带来的预报误差和预报时限问题,属于第一类可预报性问题[3]。此类问题中预报结果的不确定性主要由初始误差(观测和分析误差)导致的。如果假定初始场不存在误差,仅考虑由模式的不确定性带来的预报误差和预报时限的问题,称为第二类可预报性问题。此类问题中预报误差和预报时限主要取决于模式对大气物理过程的描述能力以及模式方程在离散化时离散、谱截断产生的截断误差和舍入误差的大小。对于第一类可预报性问题,主要的研究方法有线性奇异向量法[4]、条件非线性最优初始扰动法[5]、Lyapunov 指数法[6,7]以及非线性局部 Lyapunov 方法[8]。对于第二类可预报性问题,主要的研究方法有最优随机强迫法[9]、强迫奇异向量法[10]以及条件非线性最优参数扰动法[11]。

　　对于统计预报方法,目前的研究热点集中在预报模型的构建,对于可预报性的分析则鲜有相应的研究。本章则基于相关分析的方法,对基于历史数据的风速统计预报方法的可预报性进行讨论。

8.2　可预报性度量

8.2.1　基于自相关的可预报性度量

　　基于统计模型的预测原理一般都是采用历史的风电时间序列数据来预报未来的风电时间序列数据,利用统计方程从所需预测参量的采样样本来中获得潜在的变化规律来进行预测的前提是:确认该参量的时间序列之间存在相关性。自相关函数分析可以得到数据之间的相关程度,因此对风电时间序列数据进行自相关分析,从而实现可预报性度量。

　　根据第 7 章中的自相关函数定义可知:相关系数绝对值的大小表示信号 $x(t)$ 与 $x(t+\tau)$ 之间的密切程度(或者相关程度)。当 $\tau=0$ 时,$\rho_{xx}(\tau)=1$,说明相关程度最大(事实上此时度量的是信号 $x(t)$ 与自身的依赖关系);当 $\tau=\infty$ 时,$\rho_{xx}(\tau)=0$,说明信号 $x(t)$ 与相隔时间延迟 τ 的信号 $x(t+\tau)$ 之间不存在依赖关系,彼此无关。

　　一般认为 $|\rho_{xx}(\tau)|$ 的取值与相关程度的关系如表 8-1 所示。

表 8-1　相关系数及相关程度

相关程度	极强相关	强相关	中等程度相关	弱相关	极弱相关
$|\rho_{xx}(\tau)|$ 值	0.8~1.0	0.6~0.8	0.4~0.6	0.2~0.4	0.0~0.2

8.2.2　基于互相关的可预报性度量

　　前面章节定义了风电方差和风电变差两个风电不确定性的度量参量;所以,本章继续关注这两个参数与调制他们的小时均值之间的相关程度。

　　时间序列的相关性分析有信号的互相关和自相关分析两类,互相关用来描述两个信号 $x(t)$ 与 $y(t)$ 之间的依赖关系。假设 $x(t)$ 与 $y(t)$ 表示两个随机信号,则对应的互相关函数定义为

$$R_{xy}(\tau)=\lim_{T\to\infty}\frac{1}{T}\int_0^T x(t)y(t+\tau)\mathrm{d}t \tag{8-1}$$

同自相关一样,在实际应用中经常用互相关系数来描述两个信号之间的相关程度。互相关系数定义如下:

$$\rho_{xy}(\tau) = \frac{R_{xy}(\tau) - \mu_x\mu_y}{\sigma_x\sigma_y} \tag{8-2}$$

互相关系数 $\rho_{xy}(\tau)$ 的取值范围为 $-1 \leqslant \rho_{xy}(\tau) \leqslant 1$,同样的,互相关系数的绝对值越大表示两个信号之间的相关程度越强。$|\rho_{xy}(\tau)|$ 的取值与相关程度的关系同样可以用表 8-1 来说明。

事实上,在第 3 和第 4 章中对风电方差和变差的物理特性进行分析时,发现风电方差和变差的调制效应,说明风电方差和变差与平均风速之间存在较强的依赖关系;因此,对风电方差和变差进行预报时,小时级风电平均值也是一个有用的信息,需要对两者的依赖关系进行定量的描述。而互相关分析恰恰可以被用来分析两个信号间的依赖关系。

所以,在风电方差和变差预报方面,除了需要进行自相关分析外,还需要对风电方差、变差的时间序列与风电时均值的时间序列的互相关进行分析,从而实现对风电方差和变差的可预报性度量。

8.3　小时级平均风速可预报性分析

根据前面章节的大气运动物理过程分析可以看出,影响实际风场风速的因素众多,如温度、气压、地表粗糙度、大气环流等;其相互作用机理也十分复杂,如复杂地形地貌可以削弱大气的日周期特性。通过大气运动能谱图可以看出,实际风速由多种尺度的湍流形成;所以风速信号应该具有很强的多尺度特性,即不同的作用源产生的信号频率不同,最终的风速序列可以看作多个信号耦合在一起的结果。因此,多尺度风速的可预报性也是多尺度的,需要进行多尺度预报。

目前,风速的多尺度特性已被很多学者关注,然而,对其进行多尺度可预报性的分析却鲜有相关的研究。为此首先进行多尺度的可预报性分析。利用第 3 章提到的小波分解算法对实际风速进行分解,得到了如图 8-1 所示的结果;然后,对不同尺度的风速进行自相关分析,结果如图 8-2 所示。从图 8-2 中可以看出,四种尺度分量的自相关系数的陡降程度明显不同,这说明它们之间的相关度差别较大。进一步地,为了对多尺度分量进行可预报性分析,对图 8-2 进行处理,将时间坐标轴转换成小时,得到了如图 8-3 所示的结果。从图 8-3 中可以看出,低频分量相关系数大于 0.6 以上的时间尺度在 6h 左右,大于 0.8 的时间尺度在 4h 左右;中频分量相关系数大于 0.6 以上的时间尺度在 1.5h 左右,大于 0.8 的时间尺度在 1h 左右;高频分量相关系数大于 0.6 以上的时间尺度在 0.75h 左右,大于 0.8 的时间尺度在 0.4h 左右;超高频分量相关系数大于 0.6 以上的时间尺度在 0.25h 左右,大于 0.8 的时间尺度在 0.1h 左右。因此,各尺度分量的可预报性差异性很大。

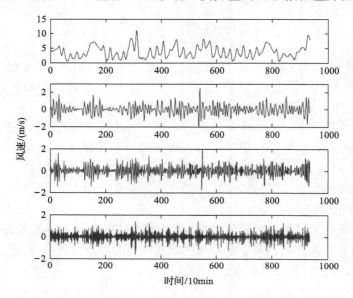

图 8-1　实际风速的多尺度分解(图中从上至下依次为低频、中频、高频、超高频)

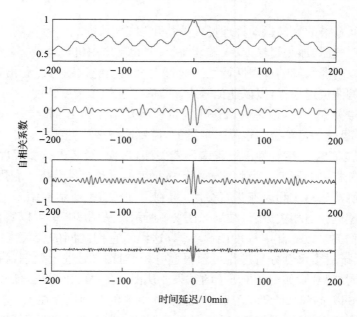

图 8-2　不同尺度风速的相关长度分析(图中从上至下依次为低频、中频、高频、超高频)

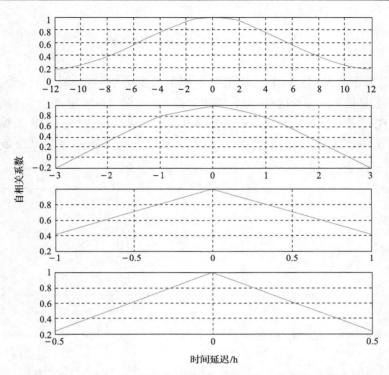

图 8-3　风速不同尺度分量的可预报性（图中自上至下依次为低频、中频、高频、超高频）

　　此外，对风速信号进行更多层的分解，得到了如图 8-4 所示的结果。可以看出，风速的可预报性具有多尺度特性，在进行多尺度分解预报时，需要考虑多尺度可预报性。

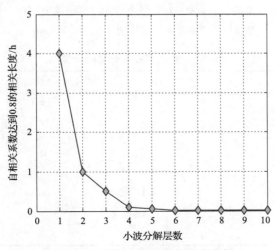

图 8-4　多尺度分解的预报长度分析

8.4　方差可预报性分析

图 8-5 所示为风速方差和时均值进行相关长度分析的结果。可以看出，风速湍动残差虽然不具备可预报性，但是风速方差是可预报的；风速方差与小时平均风速之间存在一定的互相关长度。表 8-2 所示为某一风电场一年的风速数据统计结果。为了证明该规律的普适性，表 8-3 所示为另一风电场一年的风速数据统计结果。

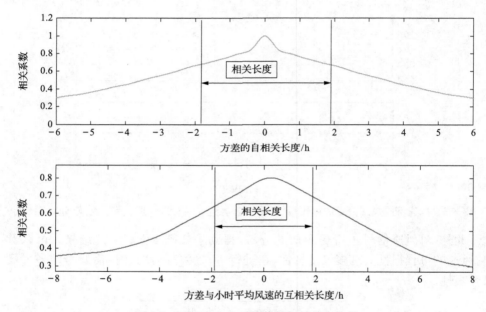

图 8-5　风速方差和时均值的相关长度分析

表 8-2　方差的相关长度统计表

月份	e(t)/s	Std(t)/h	Hws(t)/h	Ht(t)/h
1	8	3.9	3.8	12
2	8	3.6	5.1	7
3	8	3.5	4.6	8
4	8	3.5	5.8	7
5	13	2.4	6.6	3
6	8	2.1	4.2	4
7	9	2.1	3.6	6

月份	e(t)/s	Std(t)/h	Hws(t)/h	Ht(t)/h
8	14	2.2	3.3	2
9	8	2.4	5	4
10	5	2.2	3.3	4
11	4	7.5	6.7	18
12	7	4.9	6.4	12

表 8-3　相关长度的普适性验证

月份	e(t)/s	Std(t)/h	Hws(t)/h	Ht(t)/h
1	3	6.9	8.9	18
2	3	2.5	5.4	6
3	4	2.1	4.1	4
4	5	2.2	7.0	5
5	6	0.8	2.7	1
6	5	1.1	5.4	3.5
7	9	0.8	2.6	1.4
8	5	0.7	4.9	2.5
9	8	1.5	3.2	2.8
10	4	1.9	5.3	5
11	4	2.2	3.9	3
12	4	3.4	10.3	8

其中，e(t)代表风速湍动残差自相关系数大于 0.6 的时长；Std(t)代表风速湍动方差自相关系数大于 0.6 的时长；Hws(t)代表小时级平均风速自相关系数大于 0.6 的时长；Ht(t)代表小时级平均风速与风速湍动方差互相关系数大于 0.6 的时长。

从表 8-1 和表 8-2 中可以看出，风速方差是可预报的，并且预报长度根据风场位置不同而有所不同，预报尺度从一小时到几小时不等。

8.5　变差可预报性分析

图 8-6 所示为对风速变差和平均风速进行相关长度分析的结果。可以看出，风速变差和小时平均风速存在一定的互相关长度，而且变差也具有一定的自相关长度，上述结果都表明风速变差是可预报的。对风电场全年数据进行相关性分析，来测试和验证的记忆长度的普遍性，分析结果见表 8-4。从表中可以看出，风速的

瞬时变差确实表现出一定的记忆长度，即 $\gamma(\Delta t)$ 可以在一定的时间范围内进行预测。

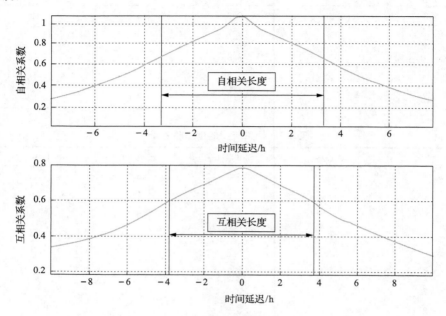

图 8-6　风速变差的相关性分析

表 8-4　变差可预报性的普适性统计

算例	相关长度		算例	相关长度	
	变差自相关/h	变差与平均风速互相关/h		变差自相关/h	变差与平均风速互相关/h
1	2.9	1.9	7	3.4	3.4
2	2.8	1.8	8	3.6	3.5
3	2.8	2.0	9	3.2	2.2
4	3.4	3.7	10	3.3	3.4
5	3.5	3.6	11	3.1	2.8
6	3.6	3.8	12	3.9	4

8.6　风速陡变占空比可预报性分析

采用自相关分析的方法对风速陡变占空比进行可预报性分析，结果如图 8-7 所示。从图中可以看出，当取自相关系数为 0.6 时，风速陡变占空比 Ψ、风速陡升

占空比 Ψ_U 及陡降占空比 Ψ_D 的自相关长度分别为 3.4h、3.4h 以及 3.1h。对内蒙古风电场其余 11 个月的风速陡变占空比参数进行相同的分析,结果如表 8-5 所示。从表中可以看出,自相关系数在 0.6 以上的风速陡变占空比自相关长度均大于 2h,存在一定的可预报性,可以利用相关的统计预报方法对风速陡变占空比进行预报,掌握未来的风电间歇性信息。

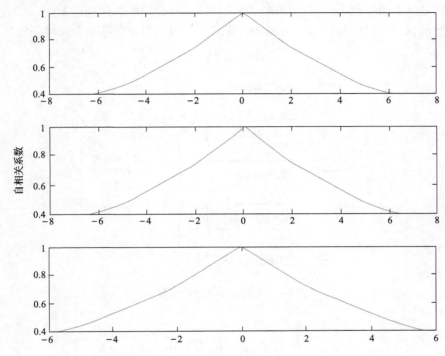

图 8-7　内蒙古风电场一月份风速陡变占空比相关性分析

表 8-5　内蒙古风电场一年风速陡变占空比相关性分析

月份	自相关长度/h			月份	自相关长度/h		
	Ψ	Ψ_U	Ψ_D		Ψ	Ψ_U	Ψ_D
1	3.4	3.4	3.1	7	2.8	2.5	2.5
2	5.5	5.5	5.5	8	2.5	2.5	2.5
3	3.8	3.8	3.8	9	3.6	3.4	3.6
4	6.5	6.4	6.4	10	4.2	3.9	4.2
5	4.1	3.9	4.2	11	6.7	6.6	6.6
6	3.1	3.0	3.0	12	7.8	7.8	7.4

8.7　风速预报参数的扩展

可预报性是对未来状态可知程度的一种刻画描述。通过实际风速数据的研究表明：风速特性的其他描述参量也具有可预报性，方差可预报、变差可预报、风速间歇性的定量刻画参数可以进行预报。将平均风速预报拓展为风速向量（平均风速、风速方差、变差、间歇性）预报，如图 8-8 所示，尽可能详细的刻画未来时刻的风速信息。

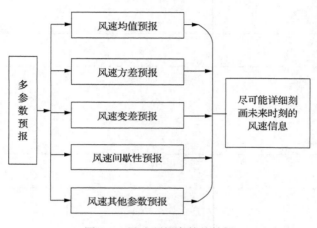

图 8-8　风速预报参数的扩展

8.8　本 章 小 结

风电预报对于大规模风电高效消纳具有重要的意义。目前风电预报的研究都集中在预报模型的研究，而对于可预报性的研究较少。本章采用自相关和互相关分析的方法来分析风速序列的可预报性。同时采用同样的方法对风速的其他统计参数如风速方差、变差、间歇性刻画参数的可预报性进行了分析。分析结果表明上述参数在一定的时间尺度下都是可以预报的。由此对风速的可预报参数进行了扩展。在风速均值预报的基础上，可以对风速的其他统计参数进行预报，更为详细的刻画未来的风速信息，为电力系统运营人员提供更多的有效参考信息，从而更好地平抑风功率的波动。

参 考 文 献

[1] 段晚锁，丁瑞强，周菲凡. 数值天气预报和气候预测可预报性研究的若干动力学方法[J]. 气候与环境研究，2013，18(04)：524-538.

［2］Lorenz E N. Deterministic Nonperiodic Flow[J]. Journal of the Atmospheric Sciences, 1963, 20(2): 130-141.

［3］Lorenz E N. Climate predictability [M]. Appendix 2. 1 in Global Atmospheric Research Programme Publication Series, No. 16, World Meteorology Organization Geneva, 1975.

［4］Lorenz E N. Three approaches to atmospheric predictability [J]. Bull. Amer. Meteor. Soc. , 1969, 50: 345-349.

［5］Mu M U, Duan W. A new approach to studying ENSO predictability: Conditional nonlinear optimal perturbation[J]. Chinese Science Bulletin, 2003, 48(10):1045-1047.

［6］Fraedrich K. Estimating the Dimensions of Weather and Climate Attractors[J]. Journal of the Atmospheric Sciences, 1986, 43(5):419-432.

［7］Fraedrich K. Estimating Weather and Climate Predictability on Attractors[J]. Journal of the Atmospheric Sciences, 1987, 44(4):722-728.

［8］Ding R, Li J. Nonlinear finite-time Lyapunov exponent and predictability[J]. Physics Letters A, 2007, 364(5):396-400.

［9］Moore A M, Kleeman R. Stochastic Forcing of ENSO by the Intraseasonal Oscillation. [J]. Journal of Climate, 1999, 12(5):1199-1220.

［10］Barkmeijer J, Iversen T, Palmer T N. Forcing singular vectors and other sensitive model structures[J]. Quarterly Journal of the Royal Meteorological Society, 2003, 129(592):2401-2423.

［11］Wessels D, Ekosse G I, Jooste A. An extension of conditional nonlinear optimal perturbation approach and its applications[J]. Nonlinear Processes in Geophysics, 2010, 17(2):211-220.

第 9 章　基于历史数据的预报模型建模

9.1　引　言

在第 8 章风电可预报性分析的基础上,需要建立实际的预报模型来预报风速的均值、方差、变差等参数。本章首先基于实际的风电场风速历史数据,采用统计建模预报的方法建立风速短期预报模型,同时将前面章节中研究得到的相关风电特性研究结果融入到预报模型中,从而提高模型的预报性能。在平均风速短期预报的基础上,对风速方差、变差及风速陡变占空比进行预报,提供更为详细的风速预报结果。

9.2　平均风速多尺度预报模型

9.2.1　现有多尺度预报模型

影响风速的因素众多,作用机理复杂,风速信号表现出很强的多尺度特性,即不同的作用源产生的信号频率不同,最终的风速序列可以看做多个信号耦合在一起的结果。这一作用效果使得风速信号表现出强烈的非线性和非平稳性,直接对风速建模难度很大,被公认为最难进行预测的气象参数。

近年来,国内外学者陆续开始关注风速的多尺度特性。针对风速的多尺度特性,目前最常用的方法是:首先将原始风速序列分解成不同频率的子序列,在各个子序列上建立回归模型,然后进行合成给出最终的预测效果。文献[1,2]采用小波分解将风速分解为不同频率的子序列,使用最小二乘支持向量回归的方法在每一个子序列上建模,最后对各层预测结果进行合成。文献[3]采用小波分解将原始的风速时间序列分解为 4 个子序列,然后采用 ARIMA 方法在每一个子序列上建立预报模型,最终的风速预报结果由各个子序列预报结果合成而来。文献[4]采用小波分解将原始风速进行分解,然后利用神经网络建立子序列的预报模型。文献[5]采用小波分解加自适应模糊推理人工神经网络的方法建立风速多尺度预报模型。

除了采用小波分解的方法,还有一些研究利用经验模式分解的方法来分解原始风速序列。文献[6]首先采用经验模式分解将原始风速进行分解,然后同样采用神经网络建立每个子序列的预报模型,将子序列的预报结果进行合成得到最终的风速预报结果。文献[7]采用经验模式分解加极限学习机的方法建立多尺度预报模型。文献[8]采用经验模式分解加前馈神经网络的方法建立多尺度预报模型。

对目前的风速多尺度预报模型进行总结发现,当前多尺度预报模型的主要思路是将风速原始序列分解为子序列,然后在每一个子序列上建立风速预报模型,最终的风速预报结果由各子序列风速预报结果合成而来。常用的分解方法有小波分解、小波包分解、经验模式分解等方法,各子序列的预报模型采用传统的统计预报模型。目前的风速多尺度预报模型在预测未来一段时间长度的风速时,均在不同的子序列上预测相同的时间长度,然后将各层预测结果直接加合,作为最终的预测结果进行输出。根据 8.2 节中风速可预报性分析的结果可以看出,不同子序列的可预报性不同,而上述的多尺度预报模型并未考虑该问题,因此本小节基于第 8 章可预报性分析的结果,提出一种基于频域多模式的多尺度风速短期预测方法,首先将原始风速信号分解成不同频率的子序列,分析各子序列的自相关性,确定各子序列的多步预测长度,将具有不同预测长度的各层预测结果进行最后的合成,给出最终的风速预测结果。

9.2.2　预报模型的构建

预报模型的构建步骤如下。

(1) 对原始风速序列进行 Mallat 小波分解,将原始序列分解成不同频率的子序列。本步骤是后面建模过程的基础。

(2) 在每一个频率的子序列上研究其自相关性,根据其自相关性确定预测模型在这个尺度上预测的长度。然后分别在每个子序列上建立预测模型,根据每个子序列的可预测长度进行预报,得到各层的预报结果。

(3) 对各层的预测结果进行多尺度合成,即每一层上预测的步数不同,将各个尺度上的预测结果按照各自的预测步长进行合成。

以上建模过程基于研究思路如下:经小波分解后,可以分别研究各个频率段上的时间序列的规律性,在各个频率上由于影响风速的主导因素不同,风速自相关性有很大差异,可以预测步数不同。在这样的前提下,以往学者将每一层预测的步数设为相同是不合适的。本章建模过程的流程图如图 9-1 所示。

9.2.3　支持向量回归和核岭回归

本节选用支持向量回归(SVR)作为预报模型。假定训练集 $\{x_i, y_i\}_{i=1, N}$ 给定,其中 x_i 是输入变量,y_i 是与之对应的输出变量。对于线性回归问题,函数形式可以写为

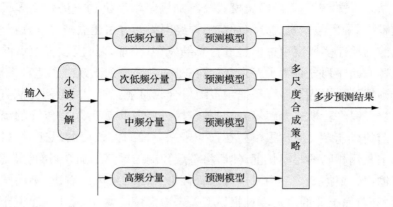

图 9-1　基于频域多模式的短期风速多尺度预测结构图

$$f(x) = \omega \cdot x + b \tag{9-1}$$

对于支持向量回归，采用 ε 不敏感损失函数，根据结构风险最小化理论，该问题的求解可以转化为一个优化问题：

$$\min \frac{1}{2} \| \omega \|^2 \tag{9-2}$$

约束条件为

$$\begin{cases} y_i - w \cdot x_i - b \leqslant \varepsilon \\ w \cdot x_i - b - y_i \leqslant \varepsilon \end{cases} \tag{9-3}$$

为了处理超过 ε 精度控制范围的数据，需引入松弛变量 ξ_i 和 ξ_i^*，则优化问题转变为

$$\min_{\omega,b,\xi,\xi^*} \frac{1}{2} \omega^{\mathrm{T}} \omega + C \sum_{i=1}^{N} (\xi_i + \xi_i^*), \tag{9-4}$$

约束条件为

$$\begin{cases} y_i - w \cdot x_i - b \leqslant \varepsilon + \xi_i \\ w \cdot x_i - b - y_i \leqslant \varepsilon + \xi_i^* \\ \xi_i, \xi_i^* \geqslant 0 \end{cases} \tag{9-5}$$

拉格朗日乘子法是解决该类优化问题的经典方法。可以构造形式如下的拉格朗日函数：

$$L = \frac{1}{2} \| \omega \|^2 + C \sum_{i=1}^{l} (\xi_i + \xi_i^*) - \sum_{i=1}^{l} \alpha_i (\xi_i + \varepsilon - y_i + \omega \cdot x_i + b)$$

$$-\sum_{i=1}^{l} \alpha_i^* (\xi_i^* + \varepsilon + y_i - \omega \cdot x_i - b) - \sum_{i=1}^{l} (\eta_i \xi_i + \eta_i^* \xi_i^*) \qquad (9\text{-}6)$$

式中，α_i 和 α_i^* 为拉格朗日乘子，根据卡罗需-库恩-塔克（Karush-Kuhn-Tucker，TTK）条件

$$\begin{cases} \dfrac{\partial L}{\partial b} = \sum_{i=1}^{l} (\alpha_i - \alpha_i^*) = 0, 0 \leqslant \alpha_i, \alpha_i^* \leqslant C, i = 1, \cdots, l \\[2mm] \dfrac{\partial L}{\partial \omega} = \omega - \sum_{i=1}^{l} (\alpha_i - \alpha_i^*) x_i = 0 \\[2mm] \dfrac{\partial L}{\partial \xi_i} = C - \alpha_i - \eta_i = 0 \\[2mm] \dfrac{\partial L}{\partial \xi_i^*} = C - \alpha_i^* - \eta_i^* = 0 \end{cases} \qquad (9\text{-}7)$$

在以上约束下，最大化 $W(\alpha, \alpha^*)$，即

$$W(\alpha, \alpha^*) = \max_{\alpha_i, \alpha_i^*} -\frac{1}{2} \sum_{i=1}^{N} \sum_{j=1}^{N} (\alpha_i - \alpha_i^*)(\alpha_j - \alpha_j^*)(x_i, x_j) - \varepsilon \sum_{i=1}^{N} (\alpha_i + \alpha_i^*)$$
$$+ \sum_{i=1}^{N} y_i(\alpha_i - \alpha_i^*), \qquad (9\text{-}8)$$

求得参数 α_i 和 α_i^*。由此可求得回归函数的形式如下所示：

$$f(x) = \sum_{i=1}^{l} (\alpha_i - \alpha_i^*)(x_i \cdot x) + b \qquad (9\text{-}9)$$

式中，所谓的支持向量即 $\alpha_i - \alpha_i^* \neq 0$ 的向量。

对于非线性回归问题，需要使用一个非线性映射，将输入 x 使用映射函数 $\phi(x)$ 将其映射到高维空间中，使其在高维空间中的回归问题是线性的。在高维空间中，将内积运算用核函数 $K(\cdot, \cdot)$ 来表示，即 $K(x_i, x_j) = \phi(x_i) \cdot \phi(x_j)$。此时优化问题变为

$$W(\alpha, \alpha^*) = \max_{\alpha_i, \alpha_i^*} -\frac{1}{2} \sum_{i=1}^{N} \sum_{j=1}^{N} (\alpha_i - \alpha_i^*)(\alpha_j - \alpha_j^*) K(x_i, x_j) - \varepsilon \sum_{i=1}^{N} (\alpha_i + \alpha_i^*)$$
$$+ \sum_{i=1}^{N} y_i(\alpha_i - \alpha_i^*), \qquad (9\text{-}10)$$

此时 $\omega = \sum_{i=1}^{l} (a_i - a_i^*) \phi(x_i)$，于是对于非线性回归问题，函数形式如下：

$$f(x) = \sum_{i=1}^{N} (\alpha_i - \alpha_i^*) K(x_i, x) + b \qquad (9\text{-}11)$$

Vapnik 给出了满足 Mercer 条件的任意对称的核函数可以表示特征空间的内积。常用的核函数的形式有三种形式,分别如下式所示:

$$K(x_i,x) = [(x \cdot x_i) + 1]^q \qquad (9\text{-}12)$$

$$K(x_i,x) = \exp\{- \|x - x_i\|^2/2\sigma^2\} \qquad (9\text{-}13)$$

$$K(x_i,x) = \tanh(v(x \cdot x_i) + c) \qquad (9\text{-}14)$$

本章使用的是第二种。由于惩罚系数 C、不敏感度 ε 和高斯核函数的核宽度 σ 共同影响着回归效果,这里使用交叉验证法进行参数选择。

为了证明本节提出的预测方法不针对 SVR 有效,即验证本方法的有效性,在此引入核岭回归(kernel ridge regression,KRR)替代 SVR 进行实验验证。核岭回归是经典的岭回归引入核方法后在非线性问题上的应用,其回归方程与支持向量回归有着类似的形式:

$$\begin{aligned} f(x) &= \omega \cdot \phi(x) + b \\ &= \sum_{i=1}^{N} \alpha_i K(x_i,x) + b \end{aligned} \qquad (9\text{-}15)$$

其中参数的定义与支持向量回归中的定义相同,训练过程可以看做一个优化问题,目标函数为

$$\min_{\omega,b,\gamma} \frac{1}{2}\omega^{\mathrm{T}}\omega + \frac{1}{2}\gamma\sum_{i=1}^{N} e_i^2, \qquad (9\text{-}16)$$

约束条件为

$$\omega^{\mathrm{T}}\varphi(x_i) + b + e_i = y_i, i = 1,2,\cdots\cdots N, \qquad (9\text{-}17)$$

式中,e_i 为误差;γ 为正则化因子,其他项的定义同 SVR。构造拉格朗日函数

$$L = \frac{1}{2}\omega^{\mathrm{T}}\omega + \frac{1}{2}\gamma\sum_{i=1}^{N} e_i^2 - \sum_{i=1}^{N} \alpha_i[\omega^{\mathrm{T}}\phi(x_i) + b + e_i - y_i] \qquad (9\text{-}18)$$

根据 KTT 条件,求偏导可得

$$\begin{cases} \dfrac{\partial L}{\partial \omega} = \omega - \sum_{i=1}^{N} \alpha_i \phi(x_i) = 0 \\[3mm] \dfrac{\partial L}{\partial b} = \sum_{i=1}^{N} \alpha_i = 0 \\[3mm] \dfrac{\partial L}{\partial e_i} = Ce_i - \alpha_i = 0 \\[3mm] \dfrac{\partial L}{\partial \alpha_i} = \omega^{\mathrm{T}}\phi(x_i) + b + e_i - y_i = 0 \end{cases} \qquad (9\text{-}19)$$

在核岭回归算法中,本节依然取核函数为高斯核函数,在上式约束下,可通过求解线性方程组的形式解该优化问题,即

$$\begin{bmatrix} 0 & 1^T \\ 1 & M+\gamma^{-1}I \end{bmatrix}\begin{bmatrix} b \\ \alpha \end{bmatrix}=\begin{bmatrix} 0 \\ y \end{bmatrix} \tag{9-20}$$

式中,M 为核矩阵,M 中的 i 行 j 列为 $M_{i,j}=\phi(x_i)\cdot\phi(x_j)=K(x_i,x_j)$。具体求解过程可以参见文献,本章使用的支持向量回归和核岭回归通过 Matlab 中支持向量回归和核龄回归的工具包,从而可以快速求解。

9.2.4　预报算例及结果分析

本节的第一个训练集使用宁夏某风电场 2011 年 5 月至 7 月三个月逐 10min 的风速数据,相应的测试集为随后的 8 月份风速数据。文献[9]指出使用 db10 小波较其他小波相比可以得到更好的效果,因此这里选择 db10 作为小波基。关于小波分解的层数目前没有确定的标准,文献[9,10]中指出过多的层数对预测效果有损害,通常分解为 3～4 层。原始风速经过三层小波分解后如图 9-2 所示。

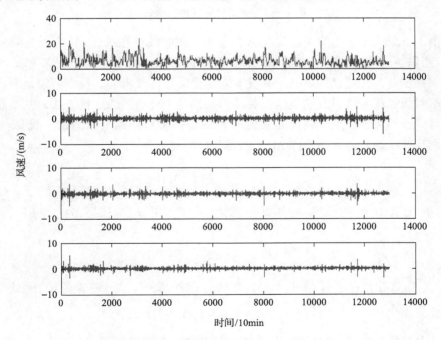

图 9-2　风速信号三层小波分解结果(从上至下依次为 $\{v_t^4\}$、$\{v_t^3\}$、$\{v_t^2\}$、$\{v_t^1\}$)

为了叙述方便,在此将分解第一层的高频分量记为 $\{v_t^1\}$,第二层的高频分量记为 $\{v_t^2\}$,第三层的高频分量记为 $\{v_t^3\}$,第三层的低频分量记为 $\{v_t^4\}$。采用 Pearson 自

相关函数法分析各个频率分量的自相关性,如图 9-3 所示。

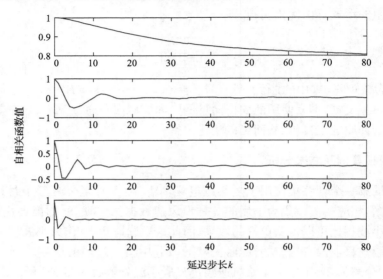

图 9-3　各频率分量自相关函数

由于 Pearson 自相关函数只考虑了序列之间的线性相关性,其应用受到一定限制,而风速时间序列是著名的非线性时间序列。互信息是度量变量 X 和 Y 相关性的一种工具。互信息的定义中并没有对变量的线性或者非线性作假设。因此互信息法对线性相关性以及非线性相关性而言都是一种有效的度量方法。互信息法无论对线性相关性还是非线性相关性来说都是一种有效的度量方法。设 X 和 Y 是分别具有状态数 m 和 n 的离散变量,信息熵的定义为:

$$H(X) = - \sum_{i=1}^{m} p_i \ln p_i \tag{9-21}$$

式中,p_i 为 X 出现在状态 i 时的概率,变量 X 和 Y 的联合熵定义为

$$H(X,Y) = - \sum_{i=1}^{m} \sum_{j=1}^{n} p_{ij} \ln p_{ij} \tag{9-22}$$

式中,p_{ij} 为 X 出现在状态 i 并且 Y 出现在状态 j 时的概率。两个变量的互信息定义为

$$I(X,Y) = H(X) + H(Y) - H(X,Y) \tag{9-23}$$

根据互信息的定义,各频率分量的互信息的结算结果如图 9-4 所示。

对第三层的低频分量 $\{v_i^4\}$,自相关函数呈单调下降趋势,取阈值为 0.9,则该层的自相关长度为 24,观察低频分量的互信息计算结果,当延迟步数为 24 时,其互信息已经降到较小值,处于缓慢下降的平台上,因此低频分量的自相关长度取

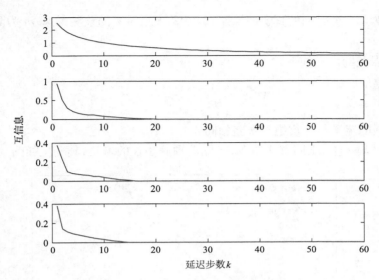

图 9-4　各频率分量互信息计算结果

24 是较为合适的。同理,研究其他各个频率分量,$\{\nu_t^3\}$、$\{\nu_t^2\}$、$\{\nu_t^1\}$ 上分别取自相关长度为 4、2、1。在每一频率分量上建立一个支持向量回归(SVR)模型,各分量多步预测的步数分别为 24、4、2、1。每一层的支持向量回归预测模型的输入同样根据自相关长度来进行选取,即取当前时刻和之前的 $l-1$ 个时刻的风速值构成输入向量,其中 l 为该层自相关长度的数值。输入向量在进入模型训练之前要进行归一化处理。

　　本节提出的频域多模式预测法即根据不同频率分量上各自相关长度进行合成的方法为多尺度短期风速预测方法,为验证该方法的有效性,本节对比了另外两种方案。方案一为进行小波分解后,每一层分量都预测相同的步数,将预测结果直接合成,为了易于展示称为直接合成法;方案二为直接对原始风速时间序列进行建模,不进行小波分解过程,直接使用一个支持向量回归预测模型进行训练并预测,称为单个 SVR 法。首先在训练集 1 训练,在测试集 1 上进行了对比试验。当数据的采样间隔为 10min 时,低频分量预测的 24 个点决定了多步预测的预测范围,24 个点恰好对应了 4h,4h 的预测对于电网实时调度具有重要意义。为了对比实验效果,直接合成法每一频率分量都预测 24 步,单个 SVR 法同样滚动预测未来 24 个点。

　　本章评价不同方法预测效果的评价指标为均方误差(mean square error,MSE)和平均绝对误差(mean absolute error,MAE)。平均绝对误差的定义如下:

$$\text{MAE} = \frac{1}{m}\sum_{i=1}^{m} |y_{ri} - y_{fi}| \tag{9-24}$$

式中，y_{ri} 为第 i 个时刻的真实的风速；y_{fi} 为第 i 个时刻的预测风速；m 为测试样本的数目。

均方误差的定义如下：

$$MSE = \frac{1}{m} \sum_{i=1}^{m} (y_{ri} - y_{fi})^2 \qquad (9-25)$$

式中，各项的定义与平均绝对误差相同。

在测试集 1 上，不同方法的 MSE 随着预测步长的增长，其变化如图 9-5 所示。

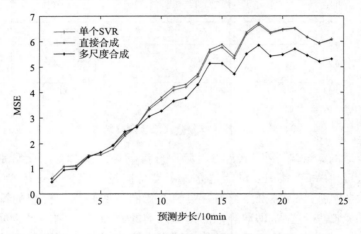

图 9-5　测试集 1 上 MSE 随着预测步长的变化曲线

不同方法的 MAE 随着预测步长的变化曲线如图 9-6 所示。

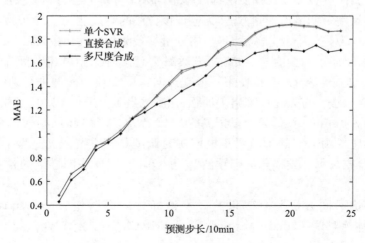

图 9-6　测试集 1 上 MAE 随着预测步长的变化曲线

　　由上述计算结果可以看出,以上三种方法在预测步长较少时,差异并不明显。当预测的步长进一步增大时,三种方法的预测误差均随着步长增加而快速增长。由于采用的是滚动预测方法,随着误差的累积,这种现象是很明显的。5 步以后多尺度合成预测方法开始逐渐显示出一定的优越性,而直接合成方法却取得了较差的效果,误差比直接使用单个 SVR 预测效果还要差。究其原因,本书认为当预测步长增大以后,高频、次高频等分量由于其自相关性的影响,其对预测未来较远时间处的能力已经非常小,此时如果仍然使用该分量的预测结果,反而会对预测效果造成损害。此时本书提出的多尺度合成预测方法便显示出了优越性,即各层分量只预测其能够预测的步长,对于高频分量,只负责其未来一步的预测,其他频率分量依次类推。当预测步长大于 5 以后时,其预测结果仅是低频分量的预测结果所提供,这样做较好地利用了各频率分量自身的特性,自相关性大的层预测的步长远一些,自相关性小的层预测的近一些,这样最终的预测结果是一个多尺度合成后的预测结果。预测效果图如图 9-7 所示,为了展示效果的清晰性,在此只画出了一部分的预测结果。

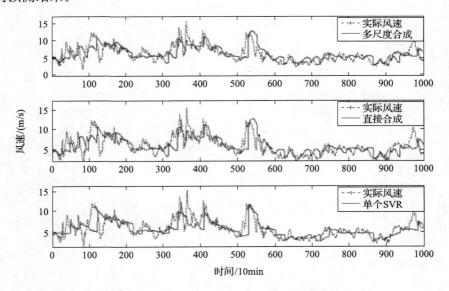

图 9-7　测试集 1 上的预测效果图

　　为说明有效性,同样在此框架下,使用了其他三组数据进行实验。第二组训练集为 2011 年 9～11 月风速数据,其测试集为 2011 年 12 月风速数据。第三组训练集为 2012 年 1～3 月风速数据,其测试集为 2012 年 4 月数据。第四组训练集为 2012 年 5～7 月风速数据,其测试集为 2012 年 8 月数据。各个测试集上的 MSE 和 MAE 绘制于图 9-8 中。

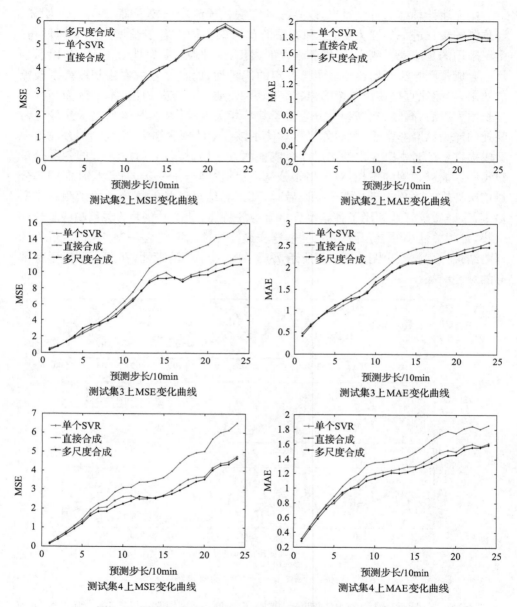

图 9-8　测试集 1-4 上 MSE 和 MAE 随着预测步长的变化曲线

　　根据图 9-8,可以发现类似的规律,即对于三种方法,在预测步数较短时误差接近,随着预测步长的增加,三种方法的 MSE 和 MAE 都迅速增大。当预测步长较长以后,使用小波分解并直接合成的方法误差增长很快,这主要是因为各频率分量的自相关性不同,对于高频分量,其自相关性很小,即规律性已经非常弱,此时如果对于高频分量进行与低频分量相同步数的多步预测,合成以后对预测结果反而有所伤害。而本书提出的多尺度合成方法,即各频率分量根据各自的自相关性预测不同的步数,这样的合成方式使得预测误差有所下降。测试集 1-4 上 24 小时内风速预测的平均误差见表 9-1。

表 9-1　测试集 2 预测 4 小时平均误差

测试集	误差	单个 SVR	直接合成	多尺度合成
1	MSE	4.1563	4.1879	3.7257
	MAE	1.4499	1.4544	1.3391
2	MSE	3.2882	3.2925	3.2821
	MAE	1.3050	1.3067	1.2782
3	MSE	7.1898	8.4181	6.6197
	MAE	1.7554	1.9368	1.7249
4	MSE	2.7491	3.3770	2.4639
	MAE	1.1987	1.3336	1.1392

统计 4h 预测的平均误差可以发现,对于该预测范围,小波分解直接合成的效果是最差的。本书提出的基于频域多模式的多尺度合成预测方法相对直接使用单个 SVR 预测精度有一定程度的提高。

9.3　异方差特性建模

经典的基于高斯噪声特性的核岭回归模型和基于高斯噪声特性的 ν-支持向量回归模型都假设噪声特性服从均值为 0、同方差的高斯分布。利用持续法统计发现,风速预报误差不服从均值为 0、同方差的高斯分布。而服从均值为 0、异方差的高斯分布。此时应用基于高斯噪声特性的核岭回归模型(kernel ridge regression of Gaussian noise,GN-KRR)和基于高斯噪声特性的 ν-支持向量回归模型(ν-support vector regression machine for Gaussian noise,GN-SVR)预测风速,则不能取得预期的效果。为了解决上述问题,本小节研究了基于高斯异方差噪声特性的 ν-支持向量回归模型[11]。

9.3.1　基础知识

2007 年,谢宇[12]研究了异方差(指的是不同样本点上的误差并不完全相等)问题,异方差存在的几种常见情形有:①因变量存在测量误差,并且该误差的大小随模型中因变量或自变量的取值而变化;②分析单位为尺度大小不同的聚合单元,而因变量的取值由构成这些聚合单元的个体值得到;③因变量反映的社会现象本身就包含某种差异的趋势性；④源于模型所含自变量与某个被遗漏的自变量之间的交互效应。并指出在存在异方差的情况下，为了得到最佳线性无偏估计（best linear unbiased estimate，BLUE），可以采用加权最小二乘法进行参数估计[12,13]。

加权最小二乘法是对原模型中的最小化目标函数进行加权，使之变成一个新的不存在异方差性的模型，然后采用最小二乘法估计其参数。

具体做法是在误差平方和中加入一个适当的权数 β_i，以调整各项在平方和中的作用，加权最小二乘法的误差平方和为

$$Q_\beta = \sum_{i=1}^{l} \beta_i (y_i - \omega^T \cdot x_i - b)^2 \tag{9-26}$$

加权最小二乘估计就是寻找参数 $\omega_i(i=1,2,\cdots,l)$ 的预测值 $\tilde{\omega}_i(i=1,2,\cdots,l)$ 使(9-26)式的误差平方和 Q_β 达到极小[12,13]。

经典的(GN-KRR)[14-16]和(GN-SVR)[17,18]假设噪声特性服从均值为 0、相同方差 σ^2 的高斯分布但在实际中利用持续法统计发现风速预报误差不服从均值为 0、同方差 σ^2 的高斯分布，而服从均值为 0、异方差 $\sigma_i^2(i=1,2,\cdots,l)$ 的高斯分布。下面对考虑异方差噪声特性的 ν-支持向量回归模型进行详细论述。

9.3.2　异方差噪声特性的 ν-支持向量回归模型

1. 风速数据集 I，II 的数据分析

数据集 I 为 9.2 节中使用的风速数据。宁夏的风速数据集 II 中的样本是每 10min 计算一次风速属性值，共收集有 6 万多个样本。II 各列属性分别包括均值、方差、最小值、最大值等多个属性因子。图 9-9 所示为数据集 II 中的风速时间序列。利用持续法统计发现，风速数据集 I、II 的风速预报误差（如图 9-10，

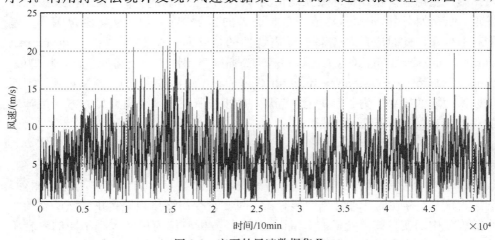

图 9-9　宁夏的风速数据集 II

图 9-11)不服从均值为 0、同方差 σ^2 的高斯分布，而服从均值为 0、异方差 $\sigma_i^2(i = 1,\cdots,l)$ 的高斯分布。

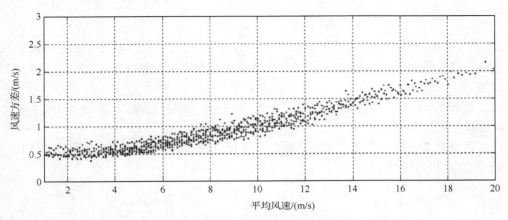

图 9-10　数据集 I 中风速预报误差服从高斯异方差分布

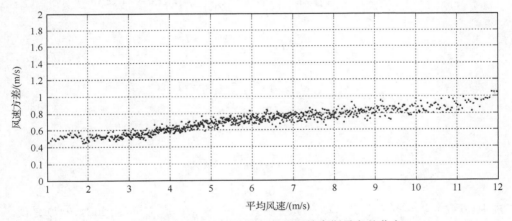

图 9-11　数据集 II 中风速预报误差服从高斯异方差分布

2. 理论框架

考虑构造非线性回归函数 $f(x) = \omega^T \cdot \Phi(x) + b$，其中 $\omega = (\omega_1, \omega_2, \cdots, \omega_L)^T$，$b \in R$，假设风速预报的噪声特性服从均值为 0、异方差为 $\sigma_i^2(i = 1, 2, \cdots, l)$ 的分布。为了解决上述风速预报问题，本书提出基于异方差噪声特性的 ν-支持向量回归模型（ν-support vector regression machine based on heteroscedastic noise，HN-SVR）。模型 HN-SVR 的原问题可描述为

$$\min_{\omega, b, \xi^{(*)}} \left\{ g_{P_{\text{HN-SVR}}} = \frac{1}{2}\omega^T\omega + C\big(\nu\varepsilon + 1/l\big(\sum_{i=1}^{l}(c(\xi_i) + c(\xi_i^*))\big)\big) \right\} \quad (9\text{-}27)$$

$$P_{\text{HN-SVR}} : \text{s. t.} : \begin{aligned} \omega^{\text{T}} \cdot \Phi(x_i) + b - y_i &\leqslant \varepsilon + \xi_i \\ y_i - \omega^{\text{T}} \cdot \Phi(x_i) - b &\leqslant \varepsilon + \xi_i^* \end{aligned} \tag{9-28}$$

$$\xi_i, \xi_i^* \geqslant 0, i = 1, 2, \cdots, l, \varepsilon \geqslant 0$$

式中，$\xi_i = y_i - \omega^{\text{T}} \cdot \Phi(x_i) - b; c(\xi_i) \cdot c(\xi_i^*) \geqslant 0 (i = 1, 2, \cdots, l)$ 是异方差噪声损失函数，且为凸函数。$\sigma_i^2 \cdot \sigma_i^{*2} (i = 1, 2, \cdots, l)$ 是误差分布的方差；$C > 0, 0 < \nu \leqslant 1$ 是常数。

定理 9.1　基于异方差噪声特性 ν-支持向量回归模型的原问题（9-27）式关于 ω 的解存在且唯一[11]。

定理 9.2　基于异方差噪声特性 ν-支持向量回归模型的原问题（9-27）及（9-28）式的对偶问题为

$$\max_{\alpha, \alpha^*} \{ g_{D_{\text{HGN-SVR}}} = -\frac{1}{2} \sum_{i,j=1}^{l} (\alpha_i^* - \alpha_i)(\alpha_j^* - \alpha_j) K(x_i, x_j)$$

$$+ \sum_{i=1}^{l} (\alpha_i^* - \alpha_i) y_i - \frac{l}{2C} \sum_{i=1}^{l} (T(\xi_i) + T(\xi_i^*)) \} \tag{9-29}$$

$$D_{\text{HN-SVR}} : \text{s. t.} \begin{cases} \sum_{i=1}^{l} (\alpha_i^* - \alpha_i) = 0 \\ 0 \leqslant \alpha_i \leqslant \dfrac{C}{l \cdot \sigma_i^2}, i = 1, 2, \cdots, l \\ 0 \leqslant \alpha_i^* \leqslant \dfrac{C}{l \cdot \sigma_i^{*2}}, i = 1, 2, \cdots, l \\ \sum_{i=1}^{l} (\alpha_i + \alpha_i^*) \leqslant C\nu \end{cases} \tag{9-30}$$

式中，$T(\xi_i^{(*)}) = c(\xi_i^{(*)}(\alpha_i^{(*)})) - \xi_i^{(*)} \cdot \dfrac{\partial c(\xi_i^{(*)}(\alpha_i^{(*)}))}{\partial \xi_i^{(*)}(\alpha_i^{(*)})}; \sigma_i^2 \cdot \sigma_i^{*2} (i = 1, 2, \cdots, l)$ 是误差分布的方差，其中 $\sigma_i \neq \sigma_j, \sigma_i^* \neq \sigma_j^*, i \neq j (i, j = 1, \cdots, l). C > 0, 0 \leqslant \nu \leqslant 1$ 是常数。

证明：引进拉格朗日泛函 $L(\omega, b, \alpha, \alpha^*, \xi, \xi^*, \varepsilon)$ 得

$$L(\omega, b, \alpha, \alpha^*, \xi, \xi^*, \varepsilon) = \frac{1}{2} \omega^T \cdot \omega + C \cdot \left(\nu\varepsilon + \frac{1}{l} \sum_{i=1}^{l} (c(\xi_i) + c(\xi_i^*)) \right) - \gamma\varepsilon$$

$$- \sum_{i=1}^{l} (\eta_i \xi_i + \eta_i^* \xi_i^*) - \sum_{i=1}^{l} \alpha_i (\xi_i + y_i - \omega^T \cdot \Phi(x_i) - b + \varepsilon)$$

$$- \sum_{i=1}^{l} \alpha_i^* (\xi_i^* - y_i + \omega^T \cdot \Phi(x_i) + b + \varepsilon)$$

$$\tag{9-31}$$

为求 $L(\omega, b, \alpha, \alpha^*, \xi, \xi^*, \varepsilon)$ 的极小值，分别对 ω、b、ξ、ξ^*、ε 求偏导数，由 KKT 条件

$$\begin{cases} \nabla_\omega L = 0 \\ \nabla_b L = 0 \\ \nabla_\xi L = 0 \\ \nabla_{\xi^*} L = 0 \\ \nabla_\varepsilon L = 0 \end{cases} \tag{9-32}$$

得

$$\begin{cases} \omega = \sum_{i=1}^{l} (\alpha_i^* - \alpha_i) \Phi(x_i), \\[2mm] \sum_{i=1}^{l} (\alpha_i^* - \alpha_i) = 0, \\[2mm] \dfrac{C \cdot \nu_i}{l} - \dfrac{\partial c(\xi_i)}{\partial \xi_i} - \eta_i - \alpha_i = 0, \\[2mm] \dfrac{C \cdot \nu_i^*}{l} - \dfrac{\partial c(\xi_i^*)}{\partial \xi_i^*} - \eta_i^* - \alpha_i^* = 0, \\[2mm] C\nu - \gamma - \sum_{i=1}^{l} (\alpha_i^* + \alpha_i) = 0. \end{cases} \tag{9-33}$$

把上述极值条件代入 $L(\omega, b, \alpha, \alpha^*, \xi, \xi^*, \varepsilon)$，并对 α、α^* 求极大值，可以得到模型 HN-SVR 原问题式(9-27)及式(9-28)的对偶问题式(9-29)及式(9-30)。且有

$$b = \frac{1}{l} \Big[\sum_{j=1}^{l} y_j - \sum_{i \in \text{RSV}} (\alpha_i^* - \alpha_i) \cdot K(x_i, x_j) \Big] \tag{9-34}$$

式中，RSV 为 $\alpha_i^* - \alpha_i \neq 0$ 对应的样本，称为支持向量。则基于异方差噪声特性 ν-支持向量回归模型的决策函数为

$$f(x) = \omega^T \cdot \Phi(x) + b = \sum_{i \in \text{RSV}} (\alpha_i^* - \alpha_i) \cdot K(x_i, x) + b, \tag{9-35}$$

式中，$\omega \in R^L$ 为参数向量。

若噪声特性服从均值为 0、异方差 $\sigma_i^2 (i = 1, 2, \cdots, l)$ 的高斯分布，则其噪声特性损失函数为 $c(\xi_i) = \dfrac{1}{2\sigma_i^2} \xi_i^2 (i = 1, 2, \cdots, l)$。由此基于高斯异方差噪声特性的 ν-支持向量回归模型的原问题为

$$\min_{\omega, b, \xi^{(*)}} \Big\{ g_{P_{\text{HGN-SVR}}} = \frac{1}{2} \omega^T \omega + C \Big(\nu\varepsilon + 1/l \Big(\sum_{i=1}^{l} \Big(\frac{1}{2\sigma_i^2} \xi_i^2 + \frac{1}{2\sigma_i^{*2}} \xi_i^{*2} \Big) \Big) \Big) \Big\} \tag{9-36}$$

$$P_{\text{HGN-SVR}}:s.\,t.\begin{cases}\omega^T \cdot \Phi(x_i)+b-y_i \leqslant \varepsilon+\xi_i \\ y_i-\omega^T \cdot \Phi(x_i)-b \leqslant \varepsilon+\xi_i^* \\ \xi_i,\xi_i^* \geqslant 0,i=1,2,\cdots,l,\varepsilon \geqslant 0\end{cases} \tag{9-37}$$

式中，$\xi_i = y_i - \omega^T \cdot \Phi(x_i)-b$. $\sigma_i^2,\sigma_i^{*2}(i=1,2,\cdots,l)$ 是高斯误差分布的方差，$C>$ $0,0<\nu \leqslant 1$ 是常数。

模型 HGN-SVR 对偶问题为

$$\max_{\alpha,\alpha^*}\{g_{D_{\text{HGN-SVR}}} = -\frac{1}{2}\sum_{i,j=1}^l (\alpha_i^*-\alpha_i)(\alpha_j^*-\alpha_j)K(x_i,x_j)$$
$$+\sum_{i=1}^l (\alpha_i^*-\alpha_i)y_i-\frac{l}{2C}\sum_{i=1}^l(\sigma_i^2\alpha_i^2+\sigma_i^{*2}\alpha_i^{*2})\} \tag{9-38}$$

$$D_{\text{HGN-SVR}}:s.\,t.\begin{cases}\sum_{i=1}^l (\alpha_i^*-\alpha_i)=0 \\ 0 \leqslant \alpha_i \leqslant \dfrac{C}{l \cdot \sigma_i^2},i=1,2,\cdots,l \\ 0 \leqslant \alpha_i^* \leqslant \dfrac{C}{l \cdot \sigma_i^{*2}},i=1,2,\cdots,l \\ \sum_{i=1}^l (\alpha_i+\alpha_i^*) \leqslant C_\nu\end{cases} \tag{9-39}$$

σ_i^2、$\sigma_i^{*2}(i=1,2,\cdots,l)$ 是高斯误差分布的方差，其中 $\sigma_i \neq \sigma_j,\sigma_i^* \neq \sigma_j^*,i \neq j(i,j=1,2,\cdots,l)$；$C>0.0 \leqslant \nu \leqslant 1$ 是常数.

3. 算法设计

随机梯度下降算法（Stochastic Gradient Descent method，SGD）[19-22] 是基于迭代原理用随机选取的训练集的子集来估计目标函数的梯度值，极端情况是选取的子集只包含一个样本。利用 SGD 法求解模型式（9-36）及式（9-37），其权重更新方式为

$$\omega_{t+1} \leftarrow \omega_t-\zeta_t \cdot \nabla_t \tag{9-40}$$

式中，$\nabla_t = \nabla_{\omega_t} \cdot g_{P_{\text{HGN-SVR}}}(\omega_t)$，$g_{P_{\text{HGN-SVR}}}(\omega_t)$ 为模型式（9-36）及式（9-37）的目标函数在 ω_t 处的函数值，从而式（9-40）可进一步更新为

$$\omega_{t+1} \leftarrow \left(1-\zeta_t+\frac{C}{\sigma_i^2} \cdot x^T \cdot x\right) \cdot \omega_t+\frac{\zeta_t \cdot C}{\sigma_i^2} \cdot (y_i-b) \cdot x \tag{9-41}$$

利用核技巧构造核函数 $\Phi:R^n \rightarrow H(H$ 为 Hilbert 空间），SGD 法可解决非线

性 ν-支持向量回归模型，ω_t 可表示为 $\omega_t = \sum_{j=1}^{t} \alpha_j \Phi(x_j)$，其中 $\alpha_j = \dfrac{\zeta_t \cdot C}{\sigma_i^2}(y_i - b)$ ·

$\prod_{k=j+1}^{t}\left(1 - \dfrac{\zeta_k}{C}\right)$。

基于高斯异方差噪声特性 ν-支持向量回归模型的算法设计为如下。

（1）设给定具有噪声特性的数据集 D_l，利用损失函数的定义求取最优损失函数；

（2）利用 SGD 法求解基于高斯异方差噪声特性的 ν-支持向量回归模型式(9-36)及式(9-37)，应用十折交叉验证技术确定最优参数 C、ν，选取合适的核函数 $K(\cdot, \cdot)$；得到最优解 $\alpha = (\alpha_1, \alpha_2, \cdots, \alpha_l)$，$\alpha^* = (\alpha_1^*, \alpha_2^*, \cdots, \alpha_l^*)$，$\alpha_1, \alpha_2, \cdots, \alpha_l$，$\alpha_1^*, \alpha_2^*, \cdots, \alpha_l^*$ 为拉格朗日乘子；

（3）构造决策函数

$$f(x) = \omega^T \cdot \Phi(x) + b = \sum_{i=1}^{l}(\alpha_i^* - \alpha_i)K(x_i, x) + b, \tag{9-42}$$

式中，$b = \dfrac{1}{l}\Big[\sum_{j=1}^{l} y_j - \sum_{i \in \mathrm{RSV}}(\alpha_i^* - \alpha_i) \cdot K(x_i, x_j)\Big]$。

9.3.3　预报算例及结果分析

将模型 HGN-SVR 应用于黑龙江省、宁夏的短期风速预报中。取训练样本 5760 个（从 1 至 5760，即 40 天的样本），测试样本 2880 个（从 5761 至 8640，即 20 天的样本）进行了实验分析。构造风速预报模式为：输入向量为 $\overrightarrow{x_i} = (x_{i-6}, x_{i-5}, \cdots, x_{i-1}, x_i)$，$i = 1, \cdots, 8640$，输出值为 $x_{i+\mathrm{step}}$，其中 step=1,2,3 为预测间隔时间。即利用这种模式预报分析某一时刻 i 以后 10 分钟、20 分钟和 30 分钟的风速。利用十折交叉验证方法确定模型的最优参数，其中 HGN-KRR（基于高斯异方差噪声特性的核岭回归模型）和 GN-KRR（基于高斯噪声特性的核岭回归模型）中参数 $C = 181$，$\nu = 0.54$。

1. 黑龙江的短期风速预报

应用模型 GN-KRR、GN-SVR 和 HGN-SVR 预报黑龙江春季、夏季某一时刻 i 以后 10min、20min 和 30min 的短期风速。利用指标 MAE、相对平均值绝对误差 MAPE(mean absolute percentage error)、根平方值误差 RMSE(root mean square error)和标准误差 SEP(standard error of prediction)评价三种模型风速预报的误差。统计结果如表 9-2、表 9-3 和表 9-4 所示。

$$\mathrm{MAPE} = \frac{1}{m}\sum_{i=1}^{m} \frac{|y_{\mathrm{ri}} - y_{\mathrm{fi}}|}{y_{\mathrm{ri}}} \tag{9-43}$$

$$\text{RMSE} = \frac{1}{m} \sqrt{\sum_{i=1}^{m} (y_{\text{ri}} - y_{\text{fi}})^2} \tag{9-44}$$

$$\text{SEP} = \frac{\text{RMSE}}{\bar{y}} \tag{9-45}$$

式中，y_{ri} 为第 i 个时刻的真实的风速；y_{fi} 为第 i 个时刻的预测风速；m 为测试样本的数目。

表 9-2　三种模型黑龙江某时刻 i 以后 10min 风速预报的误差统计

模型	MAE	MAPE	RMSE/%	SEP/%
GN-KRR	0.5695	0.7596	10.67	9.10
GN-SVR	0.5146	0.7093	11.17	8.50
HGN-SVR	0.4960	0.6900	9.71	8.37

表 9-3　三种模型黑龙江某时刻 i 以后 20min 风速预报的误差统计

模型	MAE	MAPE	RMSE/%	SEP/%
GN-KRR	0.6663	0.9072	15.08	10.86
GN-SVR	0.6561	0.8527	17.05	10.21
HGN-SVR	0.5907	0.8085	14.11	9.56

表 9-4　三种模型黑龙江某时刻 i 以后 30min 风速预报的误差统计

模型	MAE	MAPE	RMSE/%	SEP/%
GN-KRR	0.7698	1.0735	16.40	12.84
GN-SVR	0.6561	0.8527	17.05	10.21
HGN-SVR	0.5907	0.8085	14.11	9.56

2. 宁夏的短期风速预报

应用模型 GN-KRR、GN-SVR 和 HGN-SVR 预报宁夏春季、夏季某一时刻 i 以后 10min、20min 和 30min 的短期风速结果。利用指标 MAE、MAPE、RMSE 和 SEP 评价三种模型风速预报的误差统计结果如表 9-5、表 9-6 和表 9-7。

表 9-5　三种模型宁夏某时刻 i 以后 10min 风速预报的误差统计

模型	MAE	MAPE	RMSE/%	SEP/%
GN-KRR	0.5917	0.7378	12.59	10.99
GN-SVR	0.5376	0.7254	9.68	10.80
HGN-SVR	0.4954	0.6780	9.32	10.10

表 9-6　三种模型宁夏某时刻 i 以后 20min 风速预报的误差统计

模型	MAE	MAPE	RMSE/%	SEP/%
GN-KRR	0.7280	0.9706	12.69	14.46
GN-SVR	0.6334	0.8593	11.45	12.81
HGN-SVR	0.5956	0.8162	11.36	12.17

表 9-7　三种模型宁夏某时刻 i 以后 30min 风速预报的误差统计

模型	MAE	MAPE	RMSE/%	SEP/%
GN-KRR	0.8632	1.1504	15.27	17.15
GN-SVR	0.7160	0.9246	12.61	14.05
HGN-SVR	0.6248	0.8375	12.50	12.48

9.4　风速其他要素预报算例

9.4.1　深度学习预报模型

1. 神经网络基本知识

BP 神经网络是一种根据动物神经网络的行为特征所建立的数学模型。通过"学习"或者"训练"的方法来挖掘数据之间的函数映射关系,尤其擅于处理数据内部间函数关系不甚明了、不能使用具体的方程式来表示较复杂的问题。

BP 神经网络一般由输入层、隐含层以及输出层组成,隐含层可以是一层或多层,而每一层是由多个神经元来构成,且每一层的神经元仅仅和相邻层的神经元进行连接;同层内的神经元彼此之间没有任何连接。图 9-12 所示为一个 3 层 BP 神经网络。

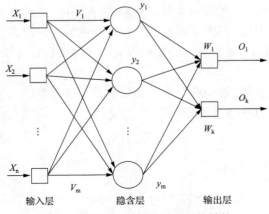

图 9-12　典型 3 层 BP 神经网络结构

　　BP 神经网络最基本的构成单元为神经元,其结构如图 9-13 所示。该神经元由多个输入 X_i, $i = 1,2,\cdots,n$ 和一个输出 Y_i 组成,而神经元内的处理过程则用输入所构成的加权和以及神经元的阈值来表示,对应的输出为

$$Y_i = f\left(\sum_{i=1}^{n} W_{ji} X_i - \theta_j\right) \tag{9-46}$$

式中,W_{ji} 代表连接权值;θ_j 代表第 j 个神经元的阈值;$f()$ 代表激发函数。

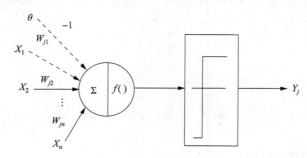

图 9-13　神经元结构

　　BP 神经网络采用的学习算法为误差反向传播算法,其学习过程大致可以分为信号的正向传播过程以及网络输出所产生的误差的反向传播过程。

　　(1) 信号的正向传播过程:输入的数据样本通过输入层输入网络,经过中间隐含层的逐层处理之后,再通过输出层输出。如果输出层的真实输出与期望输出不相等或者误差大于给定的误差,则误差开始反向传播。

　　(2) 误差的反向传播过程:误差信号通过一定的形式经隐含层向输入层逐层进行反向传播,在此过程中每一层的所有神经元得到各自所对应的误差,而且神经元据此来调整对应的权值与阈值。

　　网络学习过程中的上述两个步骤不断地进行循环。通过逐步调整神经元的权值和阈值从而完成网络的训练学习过程。只有当网络的输出误差小于事先给定的误差或者循环的次数达到了事先给定的学习次数,该过程才会停止。该过程如图 9-14 所示。

　　下面介绍学习训练过程中各层神经元权值及阈值调整的具体方法。

　　以图 9-12 所示的网络为例,假设网络的输入为

$$X = (x_1, x_2, \cdots, x_n)^{\mathrm{T}} \tag{9-47}$$

隐含层的输出为

$$Y = (y_1, y_2, \cdots, y_m)^{\mathrm{T}} \tag{9-48}$$

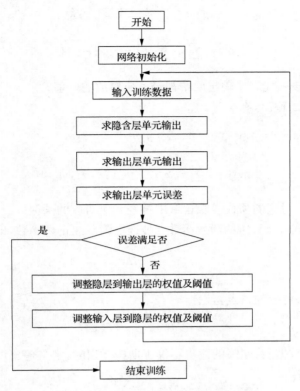

图 9-14　BP 神经网络学习训练过程

输出层的输出为

$$o = (o_1, o_2, \cdots, o_k)^{\mathrm{T}} \tag{9-49}$$

期望输出向量为

$$d = (d_1, d_2, \cdots, d_k)^{\mathrm{T}} \tag{9-50}$$

输入层到隐含层的权值为

$$v = (v_1, v_2, \cdots, v_m)^{\mathrm{T}} \tag{9-51}$$

式中，v_j 代表隐含层当中第 j 个神经元所对应的权向量。

隐含层与输出层彼此间的连接权值矩阵为

$$w = (w_1, w_2, \cdots, w_k)^{\mathrm{T}} \tag{9-52}$$

式中，w_k 表示输出层当中的第 k 个神经元所对应的权向量。

对于输出层的神经元输出，有

$$o_l = f(net_l) \quad l = 1, 2, \cdots, k \tag{9-53}$$

$$\mathrm{net}_l = \sum_{j=0}^{m} w_{jl} y_j \quad l = 1, 2, \cdots, k \tag{9-54}$$

式中，$y_0 = -1$，该项代表了输出层中神经元所对应的阈值。

对于隐含层的输出，有

$$y_j = f(\mathrm{net}_j) \quad j = 1, 2, \cdots, m \tag{9-55}$$

$$\mathrm{net}_j = \sum_{i=0}^{n} v_{ij} x_i \quad j = 1, 2, \cdots, m \tag{9-56}$$

同样地，$x_0 = -1$ 对应的项代表隐含层中神经元所对应的阈值。

式(9-53)及式(9-55)中的激发函数 $f(\ )$ 选取为双曲正切函数，即

$$f(x) = \frac{1}{1 + e^{-x}} \tag{9-57}$$

该函数具有连续、可导的特点，且有

$$f'(x) = f(x)[1 - f(x)] \tag{9-58}$$

当输入训练数据后，网络的输出不等于期望输出时，定义输出误差 E 为

$$E = \frac{1}{2}(d - o)^2 = \frac{1}{2} \sum_{l=1}^{k} (d_l - o_l)^2 \tag{9-59}$$

将该误差的表达式扩展到至隐含层，则有：

$$E = \frac{1}{2} \sum_{l=1}^{k} [d_l - f(\mathrm{net}_l)]^2 = \frac{1}{2} \sum_{l=1}^{k} \left[d_l - f\left(\sum_{j=0}^{m} w_{jl} y_j \right) \right]^2 \tag{9-60}$$

进一步将上式扩展到输出层，则有

$$E = \frac{1}{2} \sum_{l=1}^{k} \left\{ d_l - f\left[\sum_{j=0}^{m} w_{jl} f(\mathrm{net}_j) \right] \right\}^2 = \frac{1}{2} \sum_{l=1}^{k} \left\{ d_l - f\left[\sum_{j=0}^{m} w_{jl} f\left(\sum_{i=0}^{n} v_{ij} x_i \right) \right] \right\}^2 \tag{9-61}$$

可以看出，网络输出的误差与各层神经元的权值和阈值有关，通过调整权值及阈值使得误差不断减小，从而实现学习训练的过程。

BP 神经网络在调整权值及阈值时，采用梯度下降法，即权值的调整量正比于误差的梯度下降，有

$$\Delta w_{jl} = -\eta \frac{\partial E}{\partial w_{jl}} = -\eta \frac{\partial E}{\partial \mathrm{net}_l} \frac{\partial \mathrm{net}_l}{\partial w_{jl}} \tag{9-62}$$

$$\Delta v_{ij} = -\eta \frac{\partial E}{\partial v_{ij}} = -\eta \frac{\partial E}{\partial \mathrm{net}_j} \frac{\partial \mathrm{net}_j}{\partial v_{ij}} \qquad (9\text{-}63)$$

式中，η 为学习率。

对输出层以及隐含层分别定义相应的误差信号，令

$$\delta_l^o = -\frac{\partial E}{\partial \mathrm{net}_l} \qquad (9\text{-}64)$$

$$\delta_j^y = -\frac{\partial E}{\partial \mathrm{net}_j} \qquad (9\text{-}65)$$

则权值调整公式可以写为

$$\Delta w_{jl} = \eta \delta_l^o y_j \qquad (9\text{-}66)$$

$$\Delta v_{ij} = \eta \delta_j^y x_i \qquad (9\text{-}67)$$

而输出层与隐含层的误差可写为

$$\delta_l^o = -\frac{\partial E}{\partial \mathrm{net}_l} = -\frac{\partial E}{\partial o_l} \frac{\partial o_l}{\partial \mathrm{net}_l} = -\frac{\partial E}{\partial o_l} f'(\mathrm{net}_l) \qquad (9\text{-}68)$$

$$\delta_j^y = -\frac{\partial E}{\partial \mathrm{net}_j} = -\frac{\partial E}{\partial y_j} \frac{\partial y_j}{\partial \mathrm{net}_j} = -\frac{\partial E}{\partial y_j} f'(\mathrm{net}_j) \qquad (9\text{-}69)$$

根据前面定义的误差公式有

$$\frac{\partial E}{\partial o_l} = -(d_l - o_l) \qquad (9\text{-}70)$$

$$\frac{\partial E}{\partial y_j} = -\sum_{l=1}^{k} (d_l - o_l) f'(\mathrm{net}_l) w_{jl} \qquad (9\text{-}71)$$

将式(9-68)-式(9-71)代入权值调整公式，即可获得最终的权值调整公式：

$$\Delta w_{jl} = \eta \delta_l^o y_j = \eta (d_l - o_l) o_l (1 - o_l) y_j \qquad (9\text{-}72)$$

$$\Delta v_{ij} = \eta \delta_j^y x_i = \eta \left(\sum_{l=1}^{k} \delta_l^o w_{jl} \right) y_j (1 - y_j) x_i \qquad (9\text{-}73)$$

2. 深度学习神经网络

当隐含层数增加，即神经网络的深度增加后，采用上述基于梯度下降法的误差反向传播算法效果较差，针对这一问题，目前存在两种假说[25]。

第一种是梯度下降法较容易陷入局部极小点或非凸参数高原上。这些局部极小点同时影响着随机初始化进入较差的吸引子的可能性。随着层数的增加，这些

随机吸引子的数目增加。为了减少这一困难,在训练神经网络时可以采取逐步构建的形式,即每次增加一个神经元或者增加一个隐含层,这样将原始的困难的整体优化问题转化为多个简单的贪心优化问题。这两种方式(即逐次增加神经元和隐含层数)被证明在学习复杂函数关系时较为有效,尤其对于复杂的非线性分类问题。然而在实际使用中,这两种方式非常容易出现过拟合现象。

针对这一现象引出了第二种假说。对于高容量和具有高自由度的深度神经网络,在参数空间中存在着许多个吸引子(即在梯度下降中存在着不同的路径),使得训练误差较小但是泛化误差较大,所以即便是梯度下降法能够找到一个对于训练误差较好的极小值点,并不能保证所选的参数能够获得较好的泛化性。当然,基于交叉验证的模型选择能够部分地改善这一问题,然而当具有好的泛化性的参数集相对于具有好的训练误差的参数集来说小得多的时候,在实际的应用中,训练过程很难发现他们,通常都被湮灭掉了。

近年来,Hinton 提出使用无监督的学习来初始化权值,使用有监督的学习对权值进行微调。他构建了一个生成型的模型——深信度网(deep belief network,DBN),其中包含多层隐含层。输入观测数据 x,底层的隐含层提取的是输入的低水平的特征,随着层数的向上,输入被不断地重新表达,其逐渐得到更抽象的特征,在此过程中,希望能够保留输入中有效的信息,但重新表达后得到的特征又较为简单并易于建模。事实上,这种思想恰好是模拟了人脑的工作方式。对于图 9-15 中待识别的图片,大脑首先通过视网膜接收数据信号,视网膜通过神经元之间的连接关系,将图片转化为电信号传给大脑中。由于大脑的不同位置处理着不同问题,信号需要层层传输,在此过程中,大脑会逐步提取有用的信息,如颜色、形状、数目等信息[26]。

图 9-15　待识别的图片

深度学习神经网络具有类似的结构,即随着层数的向上增长,逐步进行重新表达,提取更加抽象但易于建模的特征,并把提取出的特征作为下一层的输入,该过程可由图 9-16 表示。

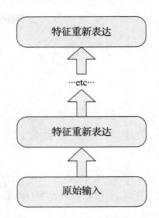

图 9-16　特征的逐层重新表达

3. 受限的玻尔兹曼机

受限的玻尔兹曼机是一个基于能量的生成型模型,其由一个输入层和一个隐含层构成,层内之间无连接,层间全连接。2006 年,Hinton 在文献［27］中使用受限的玻尔兹曼机(restricted boltzmann machine,RBM)构建深信度网络,其无监督的预训练过程引起了广泛的关注,使得深度神经网络的训练成为可能。在此基础上,文献［28］明确提出了面向人工智能的机器学习算法。

受限的玻尔兹曼机可以表示成一个无向图的形式,如图 9-17 所示。其中,v 为输入层(有时称为可见层),h 为隐含层(有时成为重新表达层)。

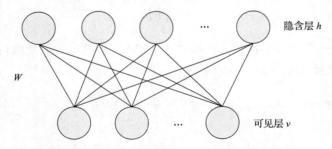

图 9-17　受限的玻尔兹曼机(RBM)的典型拓扑结构图

对于全体的可见层单元和隐含层单元,给定一个能量函数 energy(v,h),其联合概率分布可以表示为

$$p(v,h) = \frac{e^{-\mathrm{energy}(v,h)}}{Z} \tag{9-74}$$

式中，Z 是一个归一化因子，其计算次数随着隐含层数目和输入层数目成指数次增长，因子在实际计算中很难计算出其真实分布。受限的玻尔兹曼机的能量函数为

$$\text{energy}(v,h) = -h^T W v - c^T v - b^T h = -\sum_k c_k v_k - \sum_j b_j h_j - \sum_{jk} w_{jk} v_k h_j$$

$$(9\text{-}75)$$

式中，v_k 表示第 k 个可见层单元；h_j 表示第 j 个隐含层单元；w_{jk} 表示二者的连接权值所有的连接权值构成连接权值矩阵 $\boldsymbol{W}$；c_k 表示第 k 个可见层单元的阈值；b_j 表示第 j 个隐含层单元的阈值。

RBM 的一个重要特性是：当给定其中一个层时另一个层的后验概率的计算是易于得到的。当给定可见层状态时，隐含层的激活概率为条件独立，其中第 j 个隐含层节点的概率为

$$p(h_j = 1 \mid v) = \text{sigmoid}\left(b_j + \sum_k w_{jk} h_k\right),$$

$$(9\text{-}76)$$

对于整个隐含层，为

$$p(h \mid v) = \prod_j p(h_j \mid v)$$

$$(9\text{-}77)$$

同理，给定隐含层状态时，可见层第 k 个点的激活概率为

$$p(v_k = 1 \mid h) = \text{sigmoid}\left(c_k + \sum_j w_{jk} h_j\right)$$

$$(9\text{-}78)$$

对于整个可见层，概率为

$$p(v \mid h) = \prod_k p(v_k \mid h)$$

$$(9\text{-}79)$$

为了训练一个 RBM，我们计算相对于 RBM 参数的对数似然的负梯度。给定一个输入 v^0，对于参数 θ 的梯度表示为

$$\frac{\partial}{\partial \theta}(-\log p(v^0)) = E_{p(h|v^0)}\left[\frac{\partial \text{energy}(v^0,h)}{\partial \theta}\right] - E_{p(v,h)}\left[\frac{\partial \text{energy}(v,h)}{\partial \theta}\right]$$

$$(9\text{-}80)$$

式中，等式右边第一项表示在概率分布 $p(h \mid v^0)$ 下 $\dfrac{\partial \text{energy}(v^0,h)}{\partial \theta}$ 的期望；第二项表示在概率分布 $p(v,h)$ 下 $\dfrac{\partial \text{energy}(v,h)}{\partial \theta}$ 的期望。对于给定的 RBM，第一个期望值可以直接计算出来，但是第二项其对应着 v 和 h 的所有可能性取值，其组合数目呈禁止性的指数式关系，无法直接计算得到。针对这一问题，Hinton 提出了对比

散度法(CD)，可实现对第二个期望项的一种近似[27]。

　　为实现这种近似有两个关键的要素。第一个因素是，为了估计第二个期望，需要将梯度 $\dfrac{\partial \mathrm{energy}(v,h)}{\partial \theta}$ 用在某个特定数对 (v,h) 处的梯度唯一的表示。这个数对 (v,h) 理想情况下应该由分布 $p(v,h)$ 采样得到，这样可以使得对梯度的估计是无偏的。然而，从一个 RBM 分布上准确采样并不像一个有向图模型上那样简单。事实上，必须依赖马尔科夫蒙特卡罗一类的方法。对于一个 RBM，可以根据条件概率分布进行吉布斯采样(Gibbs sampling)，然而步数较大的吉布斯采样计算量大效率低。于是第二个关键的因素是只使用较少次迭代的吉布斯采样，并使用 v^0 作为可见层初始的状态。经验表明，只是用一次迭代的马尔科夫链在实际中表现较好。采样过程可以由下式表示：

$$v^0 \xrightarrow{\ p(h^0\,|\,v^0)\ } h^0 \xrightarrow{\ p(v^1\,|\,h^0)\ } v^1 \xrightarrow{\ p(h^1\,|\,v^1)\ } h^1$$

式中，$\xrightarrow{\ p(h^i\,|\,v^i)\ }$ 和 $\xrightarrow{\ p(v^{i+1}\,|\,h^i)\ }$ 分别表示从概率 $p(h^i\,|\,v^i)$ 和 $p(v^{i+1}\,|\,h^i)$ 上进行采样过程。通过以上过程对梯度进行估计即所谓的 CD-1 方法，当迭代的次数变为 k 时即所谓的 CD-k 方法。

　　考虑对权值矩阵中 w_{jk} 的梯度的估计，有

$$\frac{\partial \mathrm{energy}(v,h)}{\partial w_{jk}} = - h_j v_k, \tag{9-81}$$

于是基于 CD-1 采样估计的梯度公式可以写成

$$\begin{aligned}
& E_{p(h\,|\,v^0)}\left[\frac{\partial \mathrm{energy}(v^0,h)}{\partial \theta}\right] - E_{p(v,h)}\left[\frac{\partial \mathrm{energy}(v,h)}{\partial \theta}\right] \\
& = - E_{p(h\,|\,v^0)}\left[h_j v_k^0\right] + E_{p(h\,|\,v^1)}\left[h_j^1 v_k^1\right] \\
& = - p(h_j\,|\,v^0) v_k^0 + p(h_j\,|\,v^1) v_k^1
\end{aligned} \tag{9-82}$$

　　以上的梯度估计过程，可以使用随机梯度下降法，在训练集中迭代选择 v^0 进行参数的更新。对于偏置向量 b 和 c 的更新采用类似的过程，具体如算法中所示。

算法 1：CD-1 训练更新算法

输入：训练样本 x，RBM 的权矩阵 W^i，偏置 b^i 和 c^i，学习率 η

注释：$a \sim p(\cdot)$ 表示 a 是从概率 $p(\cdot)$ 上得到的随机采样

% 设置 RBM 参数

$W \longleftarrow W^i, b \longleftarrow b^i, c \longleftarrow c^i$

$v^0 \longleftarrow x$

$\widetilde{h}^0 \longleftarrow \mathrm{sigmoid}(b + Wv^0)$

% 采样过程

$$h^0 \sim p(h \mid v^0)$$

$$v^1 \sim p(v \mid h^0)$$

$$\widetilde{h}^1 \longleftarrow \mathrm{sigmoid}(b + Wv^1)$$

% 更新过程

$$W^i \longleftarrow W^i + \eta(\widetilde{h}^0(v^0)^T - \widetilde{h}^1(v^1)^T)$$

$$b^i \longleftarrow b^i + \eta(\widetilde{h}^0 - \widetilde{h}^1)$$

$$c^i \longleftarrow c^i + \eta(v^0 - v^1)$$

4. 深信度网络

Hinton 于 2006 年通过 RBM 的叠置构建了一个深度神经网络,并使用无监督的逐层贪心算法进行预训练,在多个数据集上取得了非常好的效果[27]。

DBN 是一个 l 层神经网络,记向量 $x = h^0$ 表示输入,$(h^1, \cdots, h^{l-1})$ 表示隐含层,h^l 表示输出层。四层神经网络结构示意图如图 9-18 所示,其 $1:l-1$ 的底层网络由 RBM 构成,使用 sigmoid 函数,对于回归问题,顶层激活函数可使用纯线性函数,其相对于输入 x 和 l 层的隐单元定义了一个联合概率分布,

$$p(x, h^1, \cdots, h^l) = \Big(\prod_{i=1}^{l-1} p(h^{i-1} \mid h^i) \Big) p(h^{l-1}, h^l) \tag{9-83}$$

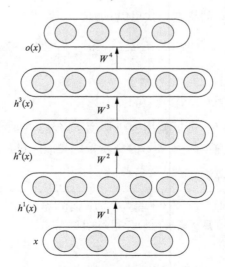

图 9-18　四层神经网络结构图

DBN 的学习算法的基本思想是,分层来处理网络,由下至上,对每一层进行无监督的训练,底层 RBM 的隐含层作为上一个 RBM 的输入,无监督的预训练结束

后,使用有监督的学习对网络进行精调,其训练过程如图 9-19 所示。首先输入层与第一个隐含层之间构成一个 RBM,通过上一节的训练方法使其达到能量平衡;以 h^1 作为输入,与 h^2 构成第二个 RBM,调节参数使得该 RBM 训练完成;重复此过程训练第三个 RBM。完成无监督的逐层预训练以后,对于原始的输入 x,以目标输出作为监督信号,构造损失函数,采用梯度下降法对网络进行有监督的训练,即精调过程。

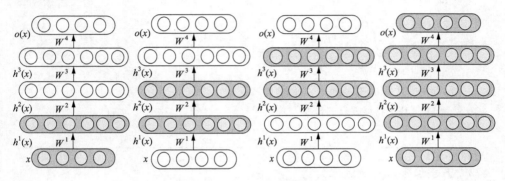

图 9-19　DBN 训练过程示意图

逐层贪心学习算法的具体实现方式如下所示:

算法 2:逐层贪心学习算法

输入:训练集 $D = \{(x_t, y_t)\}_{t=1}^{T}$,定义学习率 ε

初始化权值矩阵 $W_{jk}^{i} \sim U(-a^{-0.5}, a^{-0.5})$,$a = \max(|\hat{h}^{i-1}|, |\hat{h}^{i}|)$,$b^i$ 为 0,

% 预训练过程

For $i = 1:l$, do

    while 预训练停止准则没有满足 do

        从训练集中选出输入 x_t

        $\hat{h}^0(x_t) \leftarrow x_t$

        for $j = 1:l-1$, do

            $a^j(x_t) = b^j + W^j \hat{h}^{j-1}(x_t)$

            $\hat{h}^j(x_t) = sigm(a^j(x_t))$

        end for

    使用 $\hat{h}^{i-1}(x_t)$ 作为输入,基于受限玻尔兹曼机理论对该层进行训练,更新权矩阵 W^i 和偏置 b^{i-1}, b^i

        end while

end for

% 精调过程

```
while 精调过程没有达到终止条件
    从训练集中选择样本 (x_t, y_t)
```
% 前向传播

$\hat{h}^0(x_t) \leftarrow x_i$

for $i = 1:l$, do

　　$a^i(x_t) = b^i + W^i \hat{h}^{i-1}(x_t)$

　　$\hat{h}^i(x_t) = sigm(a^i(x_t))$

end for

　　$a^{l+1}(x_t) = b^{l+1} + W^{l+1} \hat{h}^j(x_t)$

　　$o(x_t) = \hat{h}^{l+1}(x_t) = c_1 a^{l+1}(x_t) + c_2$

% 使用 BP 算法进行误差反向传播

end while

9.4.2　方差预报算例及结果分析

在第 8 章中的可预报分析中,对方差的可预报性预进行分析,结果表明风速方差是可预报的,并且预报长度根据风场位置不同而有所不同,预报尺度从一小时到几小时不等。本节建立预报模型对方差进行预报。这里采用 SVR 模型和 DBN 预报模型分别建立方差预报模型。基于 SVR 建立了 48 输入、12 输出的多步滚动预报模型,基于 DBN 建立了 48 输入 12 输出的多步模型。其中,SVR 模型使用交叉验证调参算法保证精度,DBN 网络隐层节点分布为 40-30-20-x,共 4 隐层,其中 x 根据不同训练集进行网络调优。预报实验设计如表 9-8 所示。

表 9-8　方差预报实验设计

试验	训练集	数据集长度	测试集	预报试验数目
1	1 月	4462	2 月	200
2	3 月	4318	4 月	215
3	5 月	4318	6 月	215
4	7 月	1179	8 月	222
5	9 月	3636	10 月	158
6	11 月	3181	12 月	215

如表 9-8 所示,分别设计了 6 组算例分析,前一个月数据做训练,后一个月数据做测试。然后,各组测试集以 MAE、MSE 为效果评价标准进行统计分析,统计结果如表 9-9 和表 9-10 所示。从预报结果中可以看出:滚动式预报的误差累积现象大幅度降低了预报精度,DBN 多输出式预报取得了较理想的效果。

表 9-9　基于 SVR 方差预报算例的误差统计

| 步长 | 测试集 | | | | | | | | | | | |
| | 2 月 | | 4 月 | | 6 月 | | 8 月 | | 10 月 | | 12 月 | |
	MSE	MAE	MSE	MAE	MSE	MAE	MSE	MAE	MSE	MAE	MSE	MAE
1	0.053	0.156	0.064	0.155	0.049	0.149	0.047	0.154	0.049	0.161	0.033	0.135
2	0.054	0.175	0.076	0.181	0.055	0.172	0.067	0.171	0.053	0.170	0.044	0.159
3	0.062	0.190	0.081	0.199	0.065	0.187	0.057	0.178	0.072	0.198	0.060	0.184
4	0.087	0.196	0.087	0.207	0.095	0.213	0.070	0.181	0.094	0.232	0.066	0.195
5	0.079	0.201	0.107	0.215	0.082	0.209	0.065	0.192	0.090	0.234	0.073	0.200
6	0.094	0.219	0.078	0.202	0.097	0.223	0.088	0.226	0.111	0.253	0.076	0.217
7	0.084	0.212	0.079	0.201	0.094	0.222	0.094	0.235	0.137	0.267	0.075	0.211
8	0.098	0.235	0.098	0.232	0.132	0.261	0.101	0.255	0.143	0.278	0.091	0.230
9	0.097	0.232	0.113	0.239	0.148	0.263	0.105	0.253	0.146	0.271	0.106	0.233
10	0.098	0.224	0.119	0.251	0.124	0.249	0.115	0.257	0.187	0.323	0.118	0.257
11	0.122	0.235	0.145	0.283	0.123	0.255	0.108	0.250	0.185	0.312	0.152	0.257
12	0.113	0.233	0.134	0.268	0.143	0.276	0.129	0.276	0.232	0.350	0.113	0.252

表 9-10　基于 DBN 方差预报算例的误差统计

| 步长 | 测试集 | | | | | | | | | | | |
| | 2 月 | | 4 月 | | 6 月 | | 8 月 | | 10 月 | | 12 月 | |
	MSE	MAE	MSE	MAE	MSE	MAE	MSE	MAE	MSE	MAE	MSE	MAE
1	0.064	0.117	0.067	0.130	0.074	0.156	0.066	0.128	0.070	0.140	0.071	0.144
2	0.059	0.093	0.073	0.153	0.074	0.156	0.060	0.101	0.063	0.116	0.068	0.135
3	0.062	0.109	0.069	0.138	0.081	0.177	0.063	0.113	0.068	0.134	0.075	0.158
4	0.070	0.141	0.069	0.137	0.067	0.129	0.073	0.152	0.064	0.118	0.065	0.121
5	0.071	0.146	0.069	0.139	0.079	0.171	0.075	0.157	0.074	0.155	0.066	0.125
6	0.059	0.097	0.062	0.110	0.075	0.160	0.066	0.127	0.067	0.131	0.066	0.126
7	0.059	0.097	0.069	0.137	0.073	0.152	0.061	0.107	0.069	0.137	0.068	0.136
8	0.059	0.093	0.073	0.152	0.080	0.173	0.067	0.129	0.065	0.122	0.069	0.139
9	0.065	0.123	0.062	0.110	0.073	0.150	0.075	0.158	0.074	0.154	0.066	0.128
10	0.062	0.111	0.069	0.138	0.072	0.148	0.071	0.144	0.065	0.122	0.074	0.154
11	0.060	0.102	0.073	0.153	0.078	0.166	0.074	0.156	0.074	0.156	0.079	0.172
12	0.060	0.099	0.063	0.115	0.072	0.150	0.074	0.154	0.065	0.124	0.070	0.140

9.4.3　变差预报算例及结果分析

第 8 章中的变差可预报分析表明,风速的瞬时变差确实表现出一定的记忆长度,大约都在 2～4h 之间不等,可以在一定的时间范围内进行风速变差预测。

　　与上一小节的方差预报算例相类似,本节建立了基于 SVR 和 DBN 的 48 输入、12 输出的多步预报模型,并且设计与表 9-8 所示相同的 6 组算例实验。表 9-11 和表 9-12 所示为变差预报的误差统计。从预报结果中可以看出:基于 DBN 的风速变差多步预报结果比 SVR 的预报结果精度要高。

表 9-11　基于 SVR 的风速变差预报算例误差统计

步长	测试集											
	2 月		4 月		6 月		8 月		10 月		12 月	
	MSE	MAE	MSE	MAE	MSE	MAE	MSE	MAE	MSE	MAE	MSE	MAE
1	0.009	0.054	0.019	0.077	0.012	0.057	0.010	0.060	0.047	0.119	0.014	0.062
2	0.067	0.158	0.129	0.212	0.075	0.163	0.054	0.156	0.167	0.276	0.091	0.176
3	0.139	0.224	0.278	0.302	0.167	0.253	0.126	0.236	0.370	0.422	0.207	0.287
4	0.222	0.265	0.337	0.345	0.197	0.284	0.173	0.271	0.419	0.475	0.280	0.332
5	0.325	0.307	0.292	0.337	0.210	0.294	0.186	0.274	0.415	0.468	0.295	0.332
6	0.328	0.321	0.227	0.306	0.234	0.314	0.213	0.283	0.462	0.479	0.285	0.341
7	0.287	0.321	0.266	0.329	0.283	0.347	0.249	0.315	0.596	0.533	0.330	0.366
8	0.262	0.318	0.360	0.383	0.384	0.392	0.275	0.336	0.684	0.551	0.408	0.381
9	0.275	0.330	0.449	0.414	0.447	0.405	0.278	0.344	0.687	0.534	0.491	0.417
10	0.303	0.335	0.455	0.411	0.381	0.377	0.254	0.322	0.720	0.545	0.589	0.455
11	0.351	0.341	0.422	0.412	0.364	0.353	0.238	0.317	0.873	0.616	0.643	0.491
12	0.384	0.355	0.454	0.435	0.441	0.378	0.256	0.340	1.166	0.710	0.576	0.505

表 9-12　基于 DBN 的风速变差预报算例误差统计

步长	测试集											
	2 月		4 月		6 月		8 月		10 月		12 月	
	MSE	MAE	MSE	MAE	MSE	MAE	MSE	MAE	MSE	MAE	MSE	MAE
1	0.010	0.052	0.009	0.057	0.021	0.118	0.019	0.120	0.022	0.112	0.011	0.090
2	0.013	0.065	0.014	0.093	0.009	0.081	0.021	0.119	0.010	0.093	0.022	0.115
3	0.011	0.057	0.006	0.057	0.015	0.090	0.012	0.057	0.010	0.079	0.007	0.069
4	0.008	0.074	0.015	0.089	0.011	0.100	0.020	0.121	0.023	0.116	0.015	0.097
5	0.006	0.065	0.012	0.065	0.012	0.102	0.016	0.115	0.022	0.129	0.016	0.078
6	0.013	0.067	0.011	0.080	0.009	0.086	0.022	0.112	0.023	0.131	0.009	0.090
7	0.013	0.074	0.011	0.084	0.008	0.078	0.013	0.112	0.019	0.115	0.011	0.102

步长	测试集											
	2 月		4 月		6 月		8 月		10 月		12 月	
	MSE	MAE	MSE	MAE	MSE	MAE	MSE	MAE	MSE	MAE	MSE	MAE
8	0.006	0.058	0.011	0.077	0.014	0.089	0.009	0.074	0.014	0.082	0.010	0.097
9	0.008	0.077	0.011	0.089	0.009	0.089	0.027	0.131	0.019	0.137	0.013	0.080
10	0.011	0.088	0.016	0.097	0.016	0.089	0.014	0.104	0.019	0.119	0.022	0.126
11	0.012	0.064	0.020	0.106	0.024	0.131	0.011	0.090	0.017	0.128	0.008	0.084
12	0.017	0.092	0.033	0.155	0.024	0.122	0.025	0.154	0.017	0.094	0.020	0.108

9.4.4　陡变占空比预报算例及结果分析

同样根据第 8 章中可预报性的分析可知风速间歇性的刻画指标—风速陡变占空比也具有一定的记忆长度,大致在 2～4h 的范围内,因此可以在该时间尺度内对风速陡变占空比进行预报。

按照 6.3 节中介绍的方法,选取单位时间长度为 1h,对内蒙古某风电场 2012年的小时风速陡变占空比进行统计。采用 DBN 网络建立预报模型,分别预报提前 1～4 步(即提前 1～4h 的预报)的风速陡变占空比。使用前 8 个月的风速陡变占空比数据对模型进行训练,后 4 个月的风速陡变占空比数据按月分为 4 个测试集,对预报模型进行测试。统计结果的误差统计直方图如图 9-20 所示。从图中可以看出大部分误差集中在 ±5% 的范围内。相应预报结果的 MAE 统计如表 9-13所示,可以看出预报误差较小,具有较好的预报结果。

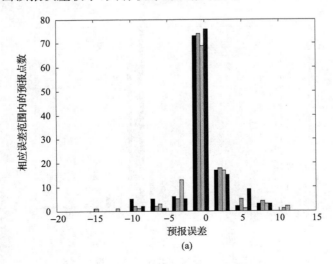

(a)

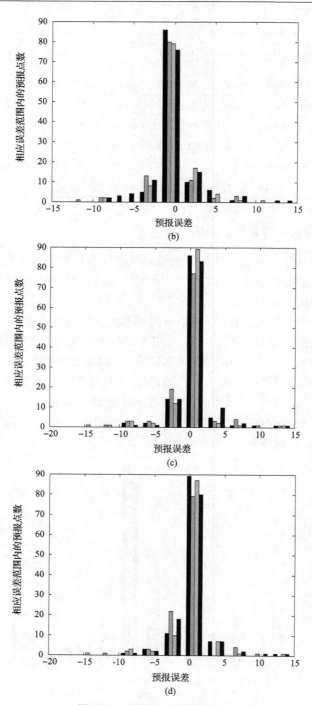

图 9-20 预报误差统计直方图

表 9-13　基于 DBN 的风速陡变占空比预报算例误差统计

预测步长	MAE			
	测试集 1	测试集 2	测试集 3	测试集 4
1	1.6942	1.1127	1.2443	1.1452
2	1.6094	1.3533	1.6336	1.4293
3	1.8430	1.2546	1.3188	1.2746
4	1.5837	1.4863	1.2381	1.3074

9.5　本 章 小 结

本章在第 8 章可预报性分析的基础上，对相应的预报模型进行研究。首先对平均风速的预报模型进行如下研究。

（1）针对风速时间序列的多尺度特性，提出了多尺度预报模型。将原始的风速时间序列分解为不同频率的子序列，然后根据可预报性分析的结果在每一个子序列上建立不同预报时长的预报模型，最后进行多尺度合成。实验结果表明该模型能够提高平均风速的预报精度。

（2）利用持续法统计发现风速预报误差不服从均值为 0、相同方差 σ^2 的高斯分布，而服从均值为 0、异方差 $\sigma_i^2(i=1,2,\cdots,l)$ 的高斯分布，而常规的 SVR 默认预报误差服从同方差特性。本章则针对风速的异方差特性，基于异方差噪声特性的损失函数，提出了新的基于异方差噪声特性的 V-支持向量回归机模型（HN－SVR）框架结构，得到了较好的预报效果；

（3）在平均风速预报的基础上，基于第 8 章中风速预报参数的扩展研究，本章建立了风速的其他统计参数如风速方差、风速变差、及风速陡变占空比的预报模型，并进行了实际的预报算例，为电力系统运营人员提供更为详细的未来风速信息。

参 考 文 献

[1] 曾杰，张华. 基于最小二乘支持向量机的风速预测模型［J］. 电网技术，2009，33(18)：144-147.

[2] 杨洪，古世甫，崔明东，等. 基于遗传优化的最小二乘支持向量机风电场风速短期预测［J］. 电力系统保护与控制，2011.

[3] Liu H，Tian H Q，Chen C，et al. A hybrid statistical method to predict wind speed and wind power［J］. Renewable Energy，2010，35(8)：1857-1861.

[4] Catalão J P S，Pousinho H M I，Mendes V M F. Short-term wind power forecasting in Portugal by neural networks and wavelet transform［J］. Renewable Energy，2011，36(4)：1245-1251.

[5] Catalao J P S，Pousinho H M I，Mendes V M F. Hybrid intelligent approach for short-term wind power forecasting in Portugal［J］. Iet Renewable Power Generation，2011，5(3)：251-257.

[6] Liu H，Chen C，Tian H Q，et al. A hybrid model for wind speed prediction using empirical mode decomposition and artificial neural networks［J］. Renewable Energy，2012，48(6)：545-556.

[7] Zhang G，Wu Y，Liu Y. An advanced wind speed multi-step ahead forecasting approach with characteristic component analysis[J]. Journal of Renewable & Sustainable Energy，2014，6(5):1663-1672.

[8] Guo Z，Zhao W，Lu H，et al. Multi-step forecasting for wind speed using a modified EMD-based artificial neural network model[J]. Renewable Energy，2012，37(1):241-249.

[9] 王晓兰，王明伟. 基于小波分解和最小二乘支持向量机的短期风速预测[J]. 电网技术，2010 (1)：179-184.

[10] De Aquino R R B，Lira M M S，de Oliveira J B，et al. Application of wavelet and neural network models for wind speed and power generation forecasting in a Brazilian experimental wind park[C]//Neural Networks，2009. IJCNN 2009. International Joint Conference on. IEEE，2009:172-178.

[11] 张仕光. 噪声特性的回归模型及其在短期风速预报中的应用[D]. 河北师范大学，2014.

[12] 谢宇. 回归分析[M]. 北京:社会科学文献出版社,2010

[13] 陈希儒，倪国熙. 数理统计学教程[M]. 合肥:中国科技大学出版社,2009.

[14] Suykens J A K，Vandewalle J. Least squares support vector machine classifiers[J]. Neural processing letters，1999，9:293-300.

[15] Suykens J A K，Lukas L，Vandewalle J. Sparse approximation using least square vector machines[J]. IEEE Proc. Int. Symp. Circuits Syst. ，Genvea，Switzerland，2000:757-760.

[16] Suykens J A K，Van Gestel T，De Brabanter J，et al. Least squares support vector machines[M]. Singapore:World Scientific，2002.

[17] Wu Q. A hybrid-forecasting model based on Gaussian support vector machine and chaotic particle swarm optimization[J]. Expert systems with applications，2010，37:2388-2394.

[18] Wu Q，Rob Law. The forecasting model based on modified SVRM and PSO penalizing Gaussian noise [J]. Expert systems with applications，2011，38(3)：1887-1894.

[19] Bottou L. Stochastic gradient descent on toy problems，2007. http://leon. bottou. org/projects/sgd.

[20] Bottou L. Large-scale machine learning with stochastic gradient descent[C]. Proceed-ings of the 19th international conference on computational statistics(COMPSTAT'2010)，Paris，Springer，August 2010，177-187.

[21] Bordes A，Bottou L，Gallinari P. SGD-QN:careful quasi Newton stochastic gradient descent. Journal of machine learning research，2009，10:1737-1754.

[22] Wang Z，Crammer K，Vucetic W. Breaking the curse of kernelization: budgeted stochastic gradient descent for large-scale SVM training. Journal of machine learning research，2012，13: 3103-3131.

[23] Athanassia C，Bernhard S，Alex J S. Experimentally optimal v in support vector regression for different noise models and parameter settings[J]. Neural Networks，2004，17(1):127-141.

[24] Schölkopf，B，Smola，A. Learning with kernels : support vector machines，regularization，optimization，and beyond[M]. MIT Press，2002.

[25] Larochelle H，Bengio Y，Louradour J，et al. Exploring strategies for training deep neural networks[J]. The Journal of Machine Learning Research，2009，10: 1-40.

[26] 孙志军，薛磊，许阳明，等. 深度学习研究综述[J]. 计算机应用研究，2012，29(8)：2806-2810.

[27] Hinton G E，Osindero S，Teh Y W. A fast learning algorithm for deep belief nets [J]. Neural computation，2006，18(7)：1527-1554.

[28] Bengio Y，LeCun Y. Scaling learning algorithms towards AI [J]. Large-Scale Kernel Machines，2007，34.

第 10 章　风电不确定性模型的应用

10.1　引　　言

　　风电的随机性、波动性和间歇性是风电安全高效消纳的主要影响因素。本书第 2 章至第 9 章对风电的不确定性进行了详细的研究，并取得了较好的成果。随机性方面，发现了风速随机过程满足异方差的非线性随机过程；波动性方面，发现风速波动中存在大尺度波动对小尺度波动的多尺度调制效应，以及日照加热对湍动的调制，并基于变差函数定量研究了风速的变化速率，发现风速变差与平均风速的依赖关系及日周期特性；间歇性方面，从大气边界层湍流间歇性研究出发，定义了间歇性的定量度量指标，并发现了间歇性的日周期特性。此外，通过相关分析的方法，证明了风速方差、变差及间歇性刻画指标具有特定时间尺度的可预报性，并进行了实际的预报实验。除了时域上的研究，本书从频域的角度出发研究了风电的频谱特性。本章在上述风电不确定性研究的基础上，考虑电力系统实际应用的需求，从电能质量评估、电网调频、调度等方面讨论风电不确定性研究的具体应用。

10.2　电能质量评估

　　电能作为一种经济实用、清洁方便且容易控制和转换的二次能源，已成为全世界经济发展及人民生活的重要基础。随着新的一次能源的开发和发电机组装备容量的扩充，部分国家在解决电力供应"温饱"问题之后，逐步解除了电力管制，开放了电力市场，使得电能商品在交易中的质量问题成为供用（买卖）双方需要特别关注的重大技术问题。与此同时，现代电力系统中的电子设备、器件以及相应的技术对电力系统可靠性要求较高，对电力扰动的敏感性更加突出，劣质电能的产生及其影响问题日益严重。此外，电力扰动给电力网和受影响的电力用户带来了巨大的经济损失。美国估计平均每年的停电损失（含短时间电压中断）为 1050 亿～1642 亿美元，其他质量问题损失是 150 亿～240 亿美元[1]。在上述的技术和经济问题的推动下，围绕现代电能质量中若干重要问题全面展开研究已成为当今电工界的主要研究方向，其中关于电能质量的标准和评估问题研究尤其显得重要和迫切[2]。

　　电能质量标准是保证电网安全经济运行、保护电气环境、保障电力用户及设备正常使用电能的基本技术规范，是实施电能质量监督管理，推广电能质量控制技术,维护供用电双方合法权益以及电力监管部门执行监督职能的法律依据[2]。

美国支持数字化社会电力基础设施协会(CEIDS)在 2004 年对未来配电系统可靠性和电能质量研究提出了初始框架[3]如图 10-1 所示。由图 10-1 可知,未来的电力市场将依托基础设施与技术、电力市场体制和结构、经济总体优化,来实现电能灵活的"量体裁衣"的供给,包括供电系统设计、市场结构、质量控制新技术、质量指标和标准化五个方面的研究。其中电能质量的评估指标被用来衡量电能质量的优劣,是电能质量评估的重要组成部分。

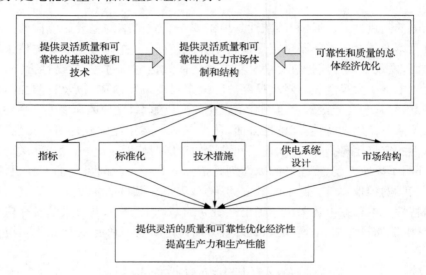

图 10-1　CEIDS 供电系统可靠性和质量研究的初始框架[3]

电能质量通常用电网的实际状况与理想系统的差距来衡量。主要有五个指标[4]:①电压偏差;②频率偏差;③谐波含量;④电压波动和闪变;⑤三相电压不平衡。我国已经制定过相关的国家标准[5-9]。如针对电压波动和闪变问题的国家标准 GB12326-2008《电能质量电压波动和闪变》,针对谐波问题的有 GB 14549-93《电能质量公用电网谐波》,在电压偏差问题方面有国家标准 GB 12325-1990《电能质量供电电压允许偏差》。

风力发电作为电力系统中的一部分,电能质量应该按照上述标准所提出的方法进行评估,也应该符合上述国家标准相关的规定和限值。2001 年 12 月,国际电工委员会(IEC)颁布了标准 IEC61400-21《并网风力发电机组电能质量测试与评估》,该标准提供了统一的并网风力发电机组和风电场电能质量测试和评估的方法。在评估方面,提出了引起并网点的闪变和通过并网点向电网注入谐波的评估方法。我国也于 2005 年出台了相应的国家标准 GB/Z19963-2005《风电场接入电网技术规定》对风力发电并网引起的电压偏差及无功问题有较为详细的规定,对闪变和谐波的测量和评估则建议参考国际电工委员会颁布的相关标准[10]。

　　然而风力发电作为一种新型的电源,与传统的火电机组、水电机组等相比,具有强烈的随机性、波动性和间歇性,上述标准中的评价指标无法全面的评估风电场输出功率的电能质量。因此,需要针对风电的特性,定义相关的指标来评估风电场输出功率的电能质量,而本书对于风电不确定性建模研究恰好为风电场输出功率的电能质量评估提供了一定的参考价值。

　　在本书的第 3、4、6 章提出了风电方差、风电变差、风电陡变占空比的概念,分别对风电的波动范围、波动速率及风电的间歇性进行定量刻画。上述三个参数值越小,意味着风电场输出功率的不确定性越小,相应地,并网后对电力系统带来的冲击越小,电力系统平抑风电波动的代价也越小;反之参数值越大,意味着风电场输出功率的不确定性越大,为此电力系统平抑风电波动的代价则越大。由此可以看出,上述指标可以定量地评估风电场输出功率电能质量,使风电场电能质量评估有一个明确的评估准则。

　　与此同时,针对风电方差及变差,本书还提出了相应的三参数幂律模型。根据该幂律模型以及平均风功率的信息,即可得到风功率的波动范围及波动速率的信息。除此之外,根据第 8 章可预报性分析的研究可知,风电方差、变差及陡变占空比这些参数都存在特定时间尺度的可预报性,可以基于历史数据对风电场未来风功率的波动范围、波动速率及间歇性进行预报,对未来时刻风电场风功率的电能质量进行评估。

　　基于风电方差、变差、陡变占空比等指标对风电场输出功率的电能质量进行评估,一方面对于未来风电场按质定价上网具有重要的参考价值;另一方面,在某些情况下,为了确保电力系统的安全稳定运行不得不采取弃风的处理方式,此时可以参考对未来风电场风功率电能质量的评估结果,尽量舍弃质量较差时段的风功率。

10.3　计及风电功率波动的电网调频能力评估

　　频率是电能质量的重要指标之一,保证电力系统的频率达标是系统运行中的一项基本任务。电源的可调节性和负荷的可预测性是电力系统人员进行调度的基础。由于风电功率的随机性与不可控性,风电机组本身无法为电网的频率波动抑制提供支持,反而风电出力的随机波动给电网调频带来压力。当风电作为主力电源并入电网后,一部分常规发电机组被风电所取代,整个电网的惯量减小,这就对系统中其他常规机组参与电网调频的能力提出更为严格的要求。研究风电在短时间内的波动给系统频率调节带来的压力,充分评估电力系统对风电功率波动的调节能力,能够给电网调度提供参考,使得电网能够更好地对风电进行消纳。

　　风力发电作为技术比较成熟的可再生能源发电方式,在我国未来的发电领域将会占据越来越重要的地位。风电的规模化并网在为我们提供电力供应的同时，也会因其出力的波动性给系统的调频带来压力。本节在分析了风电功率波动特性的基础上，采用随机过程的相关理论给出了评估电网一、二次调频能力的方法。通过对电网调频能力的评估，提出计及风电功率随机波动的常规调频机组配置方法，为电网调度人员合理调配常规机组来参与风电功率波动的调控提供有力的参考依据。

　　分别为东山风电场的历史风速和风电功率数据的功率谱，其功率谱分别如图 10-2 和图 10-3 所示。

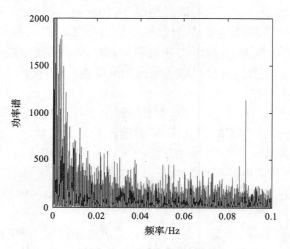

图 10-2　风速的功率谱曲线

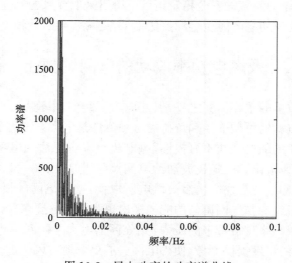

图 10-3　风电功率的功率谱曲线

对比图 10-2 和图 10-3 可知,风速的功率谱在各频段中的分布更加平均,风电功率的功率谱则主要集中在低频部分。在风电功率波动的功率谱中,低频分量具有大的幅值,高频分量其幅值较小。由此说明风电功率的波动由多种频率成分叠加构成,在研究电网对风电功率波动的频率响应能力时,不仅要看风电功率波动的幅度,还要看风电功率波动的频率。

用于研究风电功率波动对系统一、二次调频能力影响的两区域系统控制框图如图 10-4 所示[11,12]。为了研究计及风电功率波动的电网调频能力,假设区域 A 中的机组由风电机组和火电机组构成,区域 B 中只含有火电机组。电网的频率调节任务主要由一次调频和二次调频承担。

在图 10-4 中,二次调频主要通过反馈控制对分钟级的负荷波动和功率波动进行控制;一次调频通过负反馈实现对频率的一次调节,主要响应负荷随机变化部分以及秒级风电功率波动。

图 10-4 中,各参数定义如下:

角标 A、B 代表两个区域 A、B;

i、j 代表区域 A 中的第 i 台发电机组以及区域 B 中的第 j 台发电机组;

MA、MB 分别代表区域 A、B 中参与一次调频的发电机组的数目;

NA、NB 分别代表区域 A、B 中参与二次调频的发电机组的数目;

K_A、K_B 分别代表区域 A、B 中二次调频通道中积分器的增益;

B_A、B_B 分别为区域 A、B 中的系统功率频率特性系数;

χ_{Ptie} 为联络线的同步系数;

α_i 为发电机 i 装机容量除以电网总容量得到的标幺值。

δ 为汽轮发电机组的不等率。

基于以前章节中建立的风电功率波动模型,本节从风电功率波动量中提取出分钟级与秒级时间尺度下的风电功率波动分量,以图 10-4 所示数学模型为基础,研究系统二次调频对分钟级风电功率波动的响应能力以及一次调频对秒级风电功率波动的响应能力。

10.3.1　计及秒级风电功率波动的电网一次调频能力

电力系统频率偏离要求的 50Hz 是一个很快的过程,通常会在几十秒内结束,而能在秒级时间内马上进行反应的只有频率的一次响应。文献[13]考虑到电网中各部分的动态特性,定义了一次调频能力(primary frequency regulation ability, PFRA)来体现一次调频能力动态特性,通过推导得到了 PFRA 的动态解析表达式。

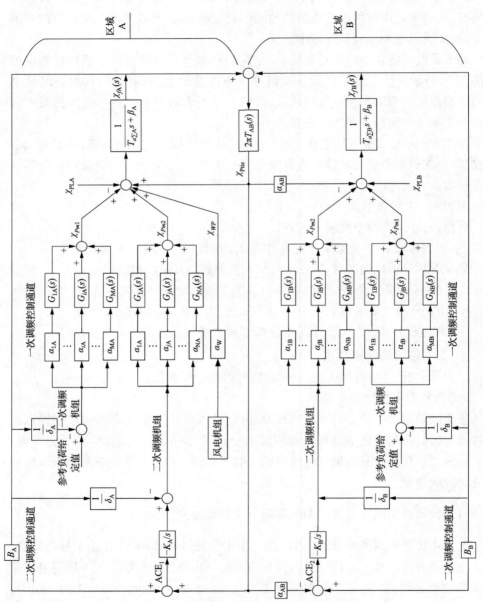

图 10-4 含一、二次调频功能的两区域系统控制框图

在此基础上,本书定义计及风电功率秒级波动的电网一次调频能力,具体如式(10-1)所示:

$$D_{\text{PFRA}} = \frac{\text{风电功率秒级波动的方差}}{\text{电网频率变化的方差}}(\text{只有一次调频作用下}) \qquad (10\text{-}1)$$

由于电网的一次调频是一个随机过程,本节将采用随机过程的相关理论来研究计及风电功率波动的电力系统一次调频能力。在随机过程分析中主要有方差和功率谱两种,其中,方差可以描述随机变量的变化幅度,功率谱则可以描述随机变量在不同频段内的变化情况。

在平稳随机过程中,已知的信号 $x(t)$ 满足以下条件[14]:

$$E(x(t)) = m_x(t) = m_x(t+\tau), \quad \forall \tau \in R \qquad (10\text{-}2)$$

$$\begin{aligned} E(x(t_1)x(t_2)) &= R_x(t_1, t_2) = R_x(t_1+\tau, t_2+\tau) \\ &= R_x(\tau, 0) \quad \forall \tau \in R \end{aligned} \qquad (10\text{-}3)$$

式中,$E(x(t))$ 为信号 $x(t)$ 的平均值,式(10-3)中的自相关函数 $R_x(\tau)$ 是 $x(t_1)$ 与 $x(t_2)$ 乘积的期望值。

根据文献[15]可知,对于功率信号而言,其傅里叶变换可能不收敛,为了解决这一问题,一般采用功率谱密度(power spectral density, PSD)来研究平稳随机功率时间序列。Wienner-Kinchine 定理将自相关函数与功率谱密度联系起来,对确定的信号 $x(t)$,将其截取成等时间间隔的信号样本 $x_i(t)(i=1,2\cdots n)$,由于截取的样本函数满足傅里叶变换的条件,对 $x_i(t)$ 进行傅里叶变换得到 $X_i(f)$,由此可以得到信号 $x(t)$ 的 PSD 如式(10-4)和式(10-5)所示。

$$S_x(\omega)\Delta f = E(X(f) \cdot X^*(f)) \qquad (10\text{-}4)$$

$$E(X(f) \cdot X^*(f)) = \frac{1}{n}\sum_{i=1}^{n} X_i(f) \cdot X_i^*(f) \qquad (10\text{-}5)$$

式中,n 为截取的段数;每段的时间间隔为 T_{seg},则 $\Delta f = 1/T_{\text{seg}}$;$X(f)$ 为所有 $X_i(f)$ 组成的向量;$X^*(f)$ 为 $X(f)$ 的共轭向量。

设平稳随机信号 $x(t)$ 经过传递函数 $H(j\omega)$ 后得到输出 $y(t)$,则信号 $y(t)$ 的功率谱密度 PSD 可由式(10-6)求得:

$$S_y(\omega) = |H(j\omega)|^2 S_x(\omega) \qquad (10\text{-}6)$$

输出 $y(t)$ 的方差为

$$\sigma_y^2 = \frac{1}{2\pi}\int_{-\infty}^{\infty} S_y(\omega)\mathrm{d}\omega \qquad (10\text{-}7)$$

采用第 3 章建立的风电功率波动的方差模型,可以根据风电功率 15min 点预

测值 $P_{st}(t)$ 得到风电功率分钟级和秒级波动的滑动均方差 $\sigma_{wm}(t)$、$\sigma_{ws}(t)$。设风电功率波动时间序列为平稳随机过程,将 $\sigma_{wm}(t)$ 和 $\sigma_{ws}(t)$ 代入式(10-4)和式(10-5)可得到风电功率秒级和分钟级波动量的功率谱密度 $S_{w1}(\omega)$ 和 $S_{w2}(\omega)$。

将 $S_{w1}(\omega)$ 和 $S_{w2}(\omega)$ 代入式(10-7)可以得到风电功率秒级和分钟级波动分量在一段时间内的方差 σ_{wp1}^2 和 σ_{wp2}^2,数学表达式为

$$
\begin{cases}
\sigma_{wp1}^2 = \dfrac{1}{2\pi}\displaystyle\int_{-\infty}^{\infty} S_{w1}(\omega)\,\mathrm{d}\omega \\[3mm]
\sigma_{wp2}^2 = \dfrac{1}{2\pi}\displaystyle\int_{-\infty}^{\infty} S_{w2}(\omega)\,\mathrm{d}\omega
\end{cases}
\tag{10-8}
$$

以图 10-4 所示模型为基础,将区域 A 作为研究对象,假设区域 A 负荷无波动,断开其二次调频通道即只考虑一次调频作用,可以计算得出电网频率变化与秒级风电功率波动间的频域解析表达式为

$$
\chi_{fA1}(s) = -\frac{1}{T_{a\sum A}s + \beta_{\sum A} + G_A(s)}\chi_{WP1}(s)
\tag{10-9}
$$

式中,$G_A(s) = \displaystyle\sum_{i=1}^{MA} \frac{\alpha_{iA}}{\delta_{iA}} G_{iA}(s)$。

将 $S_{w1}(\omega)$ 和式(10-9)代入式(10-6)可以得到由秒级风电功率波动引起的系统频率波动的功率谱密度 $S_{y1}(\omega)$ 如下所示:

$$
S_{y1}(\omega) = \left| \frac{1}{T_{a\sum A}j\omega + \beta_{\sum A} + G_A(j\omega)} \right|^2 \cdot S_{w1}(\omega)
\tag{10-10}
$$

将式(10-10)代入式(10-7)可得由秒级风电功率波动引起的系统频率波动的方差为

$$
\sigma_{fA1}^2 = \frac{1}{2\pi}\int_{-\infty}^{\infty} \left| -\frac{1}{T_{a\sum A}j\omega + \beta_{\sum A} + G_A(j\omega)} \right|^2 S_{w1}(\omega)\,\mathrm{d}\omega
\tag{10-11}
$$

式中,$S_{w1}(\omega)$ 为秒级风电功率波动的功率谱密度。

将式(10-8)和式(10-11)代入式(10-1)中,得到计及秒级风电功率波动的电力系统一次调频能力的表达式 D_{PFRA} 为

$$
D_{PFRA} = \frac{\sigma_{WP1}^2}{\sigma_{fA1}^2} = \frac{\dfrac{1}{2\pi}\displaystyle\int_{-\infty}^{\infty} S_{w1}(\omega)\,\mathrm{d}\omega}{\dfrac{1}{2\pi}\displaystyle\int_{-\infty}^{\infty} \left| -\dfrac{1}{T_{a\sum A}j\omega + \beta_{\sum A} + \displaystyle\sum_{i=1}^{MA} \dfrac{\alpha_{iA}}{\delta_{iA}} G_{iA}(s)} \right|^2 \cdot S_{w1}(\omega)\,\mathrm{d}\omega}
$$

$$
\tag{10-12}
$$

式(10-12)给出了计及秒级风电功率波动的电网一次调频能力解析表达式,在式(10-12)中,体现了电网惯性时间常数 $T_{a\sum A}$、汽轮发电机组的不等率 δ_{iA} 和参与一次调频的机组容量等影响因素。其中,$T_{a\sum A}=\sum_{i=1}^{MA}\alpha_{iA}T_{ai}$ 与 α_i 相关,在风电接入比例 α_w 增大时,火电机组的总装机容量减小,即 $\sum_{i=1}^{MA}\alpha_i$ 减小,$T_{a\sum A}$ 减小。

10.3.2　计及分钟级风电功率波动的电网二次调频能力

电网的二次调频主要通过反馈控制对分钟级的负荷波动进行调节,风电功率波动中的分钟级波动分量所在的频段恰好对应于二次调频能够响应的频段,类比式(10-1),定义计及风电功率分钟级波动的电网二次调频能为

$$D_{SFRA}=\frac{风电功率分钟级波动的方差}{电网频率变化的方差}（只有二次调频作用下）\quad(10\text{-}13)$$

仍以图 10-4 所示模型为基础,断开其一次调频通道即只考虑二次调频作用,可以计算得出电网频率变化与分钟级风电功率波动间的频域解析表达式为

$$\chi_{fA2}(s)=-\frac{1}{T_{a\sum A}s+\beta_{\sum A}+G'_A(s)}\chi_{WP2}(s)\quad(10\text{-}14)$$

式中,$G'_A(s)=\sum_{i=1}^{NA}\frac{\alpha_{iA}}{\delta_{iA}}\cdot B_A\cdot\frac{K_A}{s}G_{iA}(s)$。

将 $S_{w2}(\omega)$ 和式(10-14)代入式(10-6)可以得到由分钟级风电功率波动引起的系统频率波动的功率谱密度 $S_{y2}(\omega)$ 如下所示:

$$S_{y2}(\omega)=\left|\frac{1}{T_{a\sum A}j\omega+\beta_{\sum A}+G'_A(j\omega)}\right|^2\cdot S_{w2}(\omega)\quad(10\text{-}15)$$

将式(10-15)代入式(10-7)可得由分钟级风电功率波动引起的系统频率波动的方差为

$$\sigma_{fA2}^2=\frac{1}{2\pi}\int_{-\infty}^{\infty}\left|-\frac{1}{T_{a\sum A}j\omega+\beta_{\sum A}+G'_A(j\omega)}\right|^2 S_{w2}(\omega)d\omega\quad(10\text{-}16)$$

式中,$S_{w2}(\omega)$ 为秒级风电功率波动的功率谱密度。

将式(10-8)和式(10-16)代入式(10-2),得到计及分钟级风电功率波动的电力系统二次调频能力的表达式 D_{SFRA} 为

$$D_{SFRA}=\frac{\sigma_{WP2}^2}{\sigma_{fA2}^2}=\frac{\dfrac{1}{2\pi}\int_{-\infty}^{\infty}S_{w2}(\omega)d\omega}{\dfrac{1}{2\pi}\int_{-\infty}^{\infty}\left|-\dfrac{1}{T_{a\sum A}j\omega+\beta_{\sum A}+\sum_{i=1}^{MA}\dfrac{\alpha_{iA}}{\delta_{iA}}G_{iA}(s)}\right|^2\cdot S_{w2}(\omega)d\omega}$$

$$(10\text{-}17)$$

式(10-17)给出了计及分钟级风电功率波动的电网二次调频能力解析表达式，在式(10-17)中，体现了电网惯性时间常数 $T_{a\sum A}$、二次调频通道中积分器增益 K_A、区域 A 中系统功率频率系数 B_A 和参与二次调频的机组容量等影响因素。

10.3.3　计及风电功率波动的电网调频能力量化评估可行性分析

由上节推导得到的 D_{PFRA} 和 D_{SFRA} 的频域解析表达式可知，影响 D_{PFRA} 的主要因素包括电网时间常数 $T_{a\sum A}$、汽轮发电机组的不等率 δ_{iA} 和参与一次调频的机组容量等；影响 D_{SFRA} 的主要因素包括电网时间常数 $T_{a\sum A}$、二次调频通道中积分器增益 K_A、区域 A 中的 B_A 和参与二次调频的机组容量等。

对于一个确定的电力系统，若能得到式(10-12)和(10-17)所需的各变量的确定值，则可对系统的调频能力进行量化评估，从而给出不同运行状态下系统所具备的一、二次调频能力，有利于判断其是否有足够的能力去应对风电功率波动对电网频率稳定造成的影响。可行性分析结果如下：

（1）对于电网调度人员，各台发电机组的份额系数 α_i 是已知的。电网的惯性时间常数 $T_{a\sum}$ 可以通过将系统中参与一次调频的各台机组的转子时间常数 T_{ai} 进行加权平均后得到。发电机组的转子时间常数一般不会有较大变化，所以 $T_{a\sum}$ 的取值也比较固定。

（2）电网负荷的自调节特性参数 $\beta_{\sum}$ 一般由电网中负荷特性决定。

（3）发电机组的不等率 δ_{iA} 是发电机组的固有参数，在机械液压控制系统中一般是不可变动的，而随着 DEH 系统的投入使用，发电机组的不等率 δ_{iA} 可以更改。火电机组的 δ_{iA} 一般取值为 $0.04\sim0.05$。

（4）二次调频通道中积分器增益 K_A 以及区域 A 中系统功率频率系数 B_A 均为已知值，其中，$B_A = 1/\delta_{iA} + \beta_{\sum A}$。

（5）基于第 3 章风功率波动方差模型我们可以根据风电功率 15min 点预测值 $P_{st}(t)$ 得到风电功率分钟级和秒级波动的滑动均方差 $\sigma_{wm}(t),\sigma_{ws}(t)$。因此风电功率波动量也是可知的。

基于以上分析，对于一个确定的电网，计及风电功率波动的电网调频能力量化评估是可行的，D_{PFRA} 和 D_{SFRA} 的量化评估过程示意图如图 10-5 所示。具体计算步骤如下：

（1）以风电场上传给调度中心的风电场 15min 出力预测值作为输入，基于式(10-8)预测风电功率的分钟级和秒级波动量序列 $\sigma_{wm}(t)$、$\sigma_{ws}(t)$。

（2）计算风电功率波动序列的功率谱密度 $S_{w1}(\omega)$ 和 $S_{w2}(\omega)$ 并基于式(10-7)求得风电功率波动序列在一段时间内的方差 σ_{wp1}^2 和 σ_{wp2}^2。根据电网的实际运行状态，确定系统对秒级风电功率波动的响应函数 $H_P(j\omega)$ 以及对分钟级风电功率波动的响应函数 $H_S(j\omega)$，根据式(10-11)和式(10-16)求得一段时间内由风电功率波动引起的系统频率变化的方差 σ_{f1}^2 和 σ_{f2}^2。

（3）将上两步中得到的 σ_{wp1}^2 和 σ_{wp2}^2、σ_{f1}^2 和 σ_{f2}^2 分别代入式（10-12）和式（10-17），得到当前计及风电功率波动的电网调频能力。

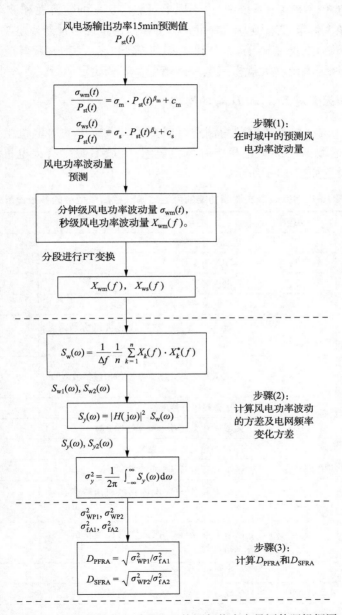

图 10-5　计及风电功率波动的系统调频能力定量评估逻辑框图

10.4 D_{PFRA} 和 D_{SFRA} 在风电大规模并网电力系统中的应用

在高风电渗透率电力系统中，由于风电场输出功率的随机性和波动性，将会给电力系统的频率调节带来压力。前面分析了如何定量评估计及风电功率波动的电网调频能力问题，在此基础上，本节讨论如何基于 D_{PFRA} 和 D_{SFRA} 分配系统调频资源的问题，以保证系统在大规模风电并网情况下安全稳定运行。

10.4.1 不同因素对 D_{PFRA} 和 D_{SFRA} 的影响

以图 10-4 两区域系统模型为例进行研究。设系统中的火电机组为凝汽式汽轮发电机组，区域 A 含有火电机组和风电机组；区域 B 只含有火电机组。系统中的详细参数设置如表 10-1 所示。

表 10-1 含一、二次调频功能的两区域系统控制模型中的参数设置

名称	参数	物理意义	数值
汽轮发电机 和调速器	T_s	油动机时间常数	0.2s
	T_0	容积时间常数	0.2s
	T_a	发电机转子时间常数	8s
	δ	一次调频不等率	0.05
区域 A 机组情况	$\sum\limits_{i=1}^{MA}\alpha_{iA}$	区域 A 中参与一次调频的机组份额系数之和	40%
	$\sum\limits_{i=1}^{NA}\alpha_{iA}$	区域 A 中参与二次调频机组份额系数之和	20%
	K_A	二次调频积分器增益	0.25
	B_A	区域 A 中系统功率频率特性系数	21.5
	$\beta_{\sum A}$	区域 A 负荷自调节系数	1.5
	$T_{a\sum A}$	区域 A 等效转子时间常数	6.4s
区域 B 机组情况	$\sum\limits_{j=1}^{MB}\alpha_{jB}$	区域 B 中参与一次调频的机组份额系数之和	70%
	$\sum\limits_{j=1}^{NB}\alpha_{jB}$	区域 B 中参与二次调频的机组份额系数之和	20%
	K_B	二次调频积分器增益	0.25
	B_B	区域 B 中系统功率频率特性系数	21.5
	$\beta_{\sum B}$	区域 B 负荷自调节系数	1.5
	$T_{a\sum B}$	区域 B 等效转子时间常数	8s

表 10-1 给出了系统初始运行状态下的参数设定情况,改变系统参数设置,计算系统在不同运行参数下的 D_{PFRA} 值。这里主要分析机组的一次调频不等率 $\delta_{i\text{A}}$ 以及参与一次调频的机组份额系数之和 $\sum_{i=1}^{MA} \alpha_{i\text{A}}$ 对 D_{PFRA} 的影响,具体结果如所表 10-2 示。

表 10-2　不同参数下的系统一次调频能力 D_{PFRA}

Ⅰ	Ⅱ	$\delta_{i\text{A}}=0.025$	$\delta_{i\text{A}}=0.03$	$\delta_{i\text{A}}=0.035$	$\delta_{i\text{A}}=0.04$	$\delta_{i\text{A}}=0.045$	$\delta_{i\text{A}}=0.05$
一次调频机组比例/%	10	3.9801	3.3155	2.8411	2.4854	2.2090	1.9881
	20	7.9602	6.6310	5.6821	4.9709	4.4181	3.9761
	30	11.9402	9.9466	8.5232	7.4563	6.6271	5.9642
	40	15.9203	13.2621	11.3643	9.9418	8.8361	7.9523
	50	19.9004	16.5776	14.2054	12.4272	11.0451	9.9403
	60	23.8805	19.8931	17.0464	14.9127	13.2542	11.9284
	70	27.8605	23.2086	19.8875	17.3981	15.4632	13.9164
	80	31.8406	26.5242	22.7286	19.8836	17.6722	15.9045

表 10-2 中Ⅰ为区域Ⅰ中参与一次调频机组份额系数之和,Ⅱ为区域Ⅰ的一次调频能力 D_{PFRA},Ⅲ为区域Ⅰ中发电机组的一次调频不等率。

表 10-2 表明,区域 A 的 D_{PFRA} 随着 $\delta_{i\text{A}}$ 的减小而增大,随着参与一次调频机组份额系数之和的增加而增加。详细的分析结果如下。

(1) 保持区域 A 中各机组不等率 $\delta_{i\text{A}}$ 不变,D_{PFRA} 同参与一次调频机组份额系数之和成正比。当一次调频机组比例由 $p\%$ 增加至 $q\%$ 时,D_{PFRA} 大 $\frac{q}{p}$ 倍;

(2) 若区域 A 中参与一次调频的机组份额系数之和为 w,D_{PFRA} 与参与调频机组的一次调频不等率 $\delta_{i\text{A}}$ 间有如下关系,即

$$D_{\text{PFRA}} = \frac{w}{\delta_{i\text{A}}} \tag{10-18}$$

影响 D_{SFRA} 的主要因素包括电网惯性时间常数 $T_{a\sum\text{A}}$、二次调频通道中积分器增益 K_{A}、区域 A 中系统功率频率系数 B_{A} 和参与二次调频的机组份额系数等。当风电功率波动增大时,为了增强计及风电功率波动的二次调频能力,可快速调整参与二次调频的机组份额系数 $\sum_{i=1}^{NA} \alpha_{i\text{A}}$、二次调频通道的积分器增益 K_{A} 等主要参数。D_{SFRA} 越大,表明系统的二次调频对分钟级风电功率波动的调节能力越强。计算结果如表 10-3 所示。

表 10-3　不同参数下的系统二次调频能力 D_{SFRA}

I	II \ III	$K_A=0.25$	$K_A=0.5$	$K_A=0.75$	$K_A=1$
二次调频机组比例/%	10	5.9818	15.0133	23.8114	32.5613
	20	11.9636	30.0267	47.6227	65.1226
	30	17.9455	45.0459	73.4341	97.6839
	40	23.9273	60.0533	95.2454	130.2453
	50	29.9091	75.0667	119.0568	162.8066
	60	35.8909	90.0800	146.8642	195.3679
	70	41.8727	105.0933	166.6795	227.9292
	80	47.8545	120.1067	190.4909	260.4905

表 10-3 中 I 为区域 I 中参与二次调频机组份额系数之和,II 为区域 I 的二次调频能力 D_{SFRA},III 为区域 I 中的二次调频积分器增益 K_A。

表 10-3 计算结果表明,区域 A 的二次调频能力 D_{SFRA} 随着 K_A 的增大而增强,随着参与二次调频机组份额系数之和的增加而增强,具体分析结果如下。

(1) 保持区域 A 中二次调频通道的积分器增益 K_A 不变,D_{SFRA} 同参与二次调频机组份额系数之和成正比。二次调频机组比例由 $p\%$ 增加至 $q\%$ 时,D_{SFRA} 增大 $\dfrac{q}{p}$ 倍;

(2) 区域 A 中参与二次调频的机组份额之和为 w,改变二次调频的积分器增益 K_A 能够增大系统的二次调频能力。当 K_A 改变为 K'_A 时,D_{SFRA} 增大约 $\gamma \cdot \dfrac{K'_A}{K_A}$ 倍,γ 对于不同的系统将取不同的参数,在表 10-3 的计算结果中,γ 取值为 1.36。

随着电力系统中风电接入比例的增大,风电功率波动给系统调频带来的压力也随之增加,为了提高系统对风电功率波动的调节能力,调度员有必要对系统的调频资源重新进行合理的分配。由上述分析可知,D_{PFRA} 和 D_{SFRA} 可为调度人员提供系统当前所具备的调频能力信息,表 10-2 和表 10-3 则给出了 D_{PFRA} 和 D_{SFRA} 在不同运行参数下的变化规律,调度人员可以依此为据,在风电功率波动较大的时间段内,合理调配调频资源,使系统能够安全稳定运行。

10.4.2　D_{PFRA} 和 D_{SFRA} 的具体应用方法

本节给出 D_{PFRA} 和 D_{SFRA} 的具体应用方法。式(10-1)和(10-13)可变形为如下形式。

$$\sigma_{fA2} = \sqrt{\frac{\text{分钟级风电功率波动的方差}}{D_{SFRA}}} \text{(仅二次调频作用下)} \quad (10\text{-}19)$$

$$\sigma_{\text{fA1}} = \sqrt{\dfrac{\text{秒级风电功率波动的方差}}{D_{\text{PFRA}}}}（仅一次调频作用下）\qquad(10\text{-}20)$$

在系统运行状态确定时，根据上述研究可以得到系统的一、二次调频能力 D_{PFRA} 和 D_{SFRA}。基于 D_{PFRA} 和 D_{SFRA} 的调频机组分配流程如图 10-6 所示。

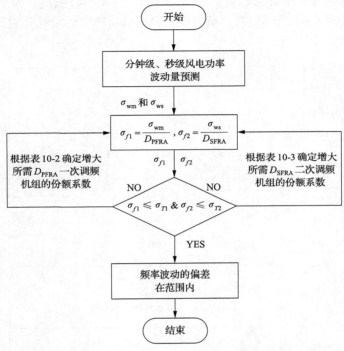

图 10-6　基于 D_{PFRA} 和 D_{SFRA} 的火电调频机组份额分配流程图

由图 10-6 可知，设系统频率偏差的允许范围是 σ_T，由式（10-19）和式（10-20）可以确定在一段时间内由不同时间尺度下的风电功率波动带来的频率波动的标准差 σ_f，若 $\sigma_f \geqslant |\sigma_T|$，则调度人员可根据式（10-19）和式（10-20）确定能满足频率偏差范围时的 D_{PFRA} 和 D_{SFRA} 值，根据表 10-2 和表 10-3 可以确定增大 D_{PFRA} 和 D_{SFRA} 所需的一、二次调频机组份额系数，以此为依据在下一个调度周期内对系统中的调频资源进行重新调配。

10.4.3　算例分析

为了验证上节提出的调频机组分配方法的有效性，以图 10-4 所示模型为基础在 matlab 中搭建两区域系统进行仿真分析。区域 A 中包含 8 台机组，编号分别为 1～8，其中，1 号机组为基荷机组，不承担系统的调频调峰任务，2～4 号机组为 AGC 机组，可根据系统的运行状况选择是否投入 AGC 功能，5～7 号机组为不具备 AGC 功能的常规机组,负责系统的一次调频任务,8 号机组为风电场,装机容量占系统总容量的 20%。区域 B 无中风电场,其他机组构成同区域 A。系统初始运行状态参数参照表 10-2。

在仿真分析中,负荷数据来自东北电网 2003 年 3 月 8 日 24 小时数据,风电场输出功率数据来自于东山风电场 2012 年 9 月 5 日 24 小时数据。为了分析方便,所有数据都进行了标幺化处理,负荷曲线及风电场功率输出曲线分别如图 10-7 中(a)和(b)所示。

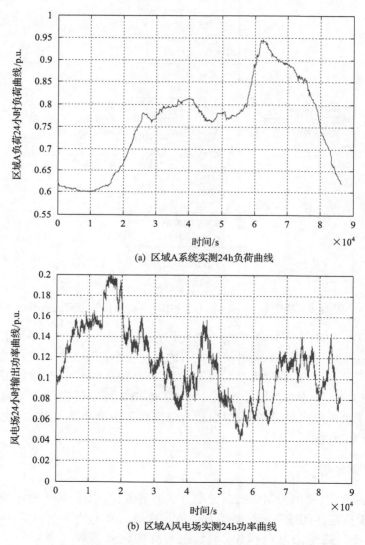

(a) 区域A系统实测24h负荷曲线

(b) 区域A风电场实测24h功率曲线

图 10-7　区域 A 中负荷及风电场功率 24 小时曲线

　　由于超短期风电功率预测的时间分辨率为 15min,这里将系统一、二次调频计算的时间间隔也选取为 15min。依据式(10-8),求得当天 24h 内的分钟级和秒级风电功率波动量时间序列。其中, $\sigma_{\text{ws}}(t) = 0.0042\overline{P}^{0.4591} + 0.0022 \cdot \overline{P}$, $\sigma_{\text{wm}}(t) = 0.0086\overline{P}^{0.4073} + 0.0076 \cdot \overline{P}$。由图 10-6(a)可知,风电场出力在 04:00～06:00 时间段内最大,且分钟级和秒级风电功率波动量约为 0.006 和 0.0025,系统的 D_{PFRA} 和 D_{SFRA} 分别为 7.9523 和 11.9636,根据式(10-19)和式(10-20)可以估测每 15min 内风电功率波动引起的系统频率偏移的标准差分别为 5.015×10^{-4} 和 3.14×10^{-4}。

　　以 simulink 搭建的模型进行仿真,区域 A 中 04:00～06:00 时间段内每 15min 的系统频率偏差及频率偏移的标准差 σ_f 如图 10-8 所示。

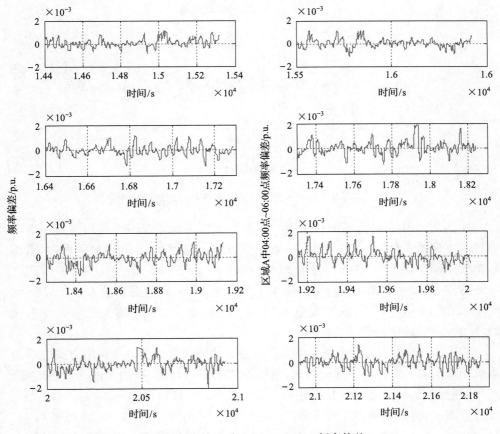

图 10-8　区域 A 中 04:00～06:00 频率偏差

　　若此时需要将频率偏移的标准差减小至原来的一半,以保证系统频率的波动在 $\pm 0.05\text{Hz}$ 范围内,根据表 10-2 和表 10-3 可以确定以下四种调整方案。

方案一:将区域 A 中参与一次调频的机组份额由 40％增大至 80％,将参与二次调频的机组份额由 20％增大至 40％。采用此方案后,D_{PFRA} 由 7.9523 增大至 15.9045,D_{SFRA} 由 11.9636 增大至 23.9273,区域 A 的频率偏差示于图 10-9。

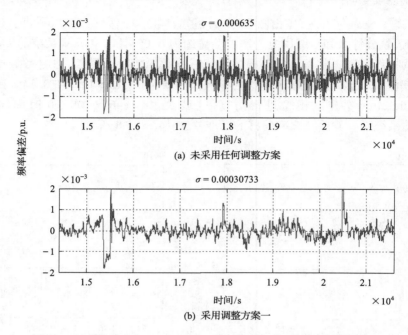

图 10-9　区域 A 中 04:00～06:00 采取方案一前后的频率偏差对比

在图 10-9 中,(a)为系统在原运行方案下的频率偏差,(b)为采取方案一后的系统频率偏差。对比(a)与(b)可知,系统按方案一运行时,在同一时间段内,系统频率偏差减小,频率波动的方差由 $\sigma_f = 6.0035 \times 10^{-4}$ 减小至 $\sigma_f = 3.0733 \times 10^{-4}$。

方案二:将一次调频机组比例由 40％增大至 80％,积分器增益 K_A 由 0.25 增大至 0.5。D_{PFRA} 由 7.9523 增大至 15.9045,D_{SFRA} 由 11.9636 增大至 30.0267,区域 A 的频率偏差示于图 10-10。

在图 10-10 中,(a)为系统在原运行方案下的频率偏差,(b)为采取方案二后的系统频率偏差。对比(a)与(b)可知,系统按方案二运行时,在同一时间段内,系统频率偏差减小,频率波动的方差由 $\sigma_f = 6.0035 \times 10^{-4}$ 减小至 $\sigma_f = 2.9944 \times 10^{-4}$。

方案三:将二次调频机组比例由 20％增大至 40％,δ_{iA} 由 0.05 减小至 0.03。D_{PFRA} 由 7.9523 增大至 13.2621,D_{SFRA} 由 11.9636 增大至 23.9273,区域 A 的频率偏差如图 10-11 所示。

在图 10-11 中,(a)为系统在原运行方案下的频率偏差,(b)为采取方案三后的系统频率偏差。对比 (a)与(b)可知,系统按方案三运行时,在同一时间段内,系统

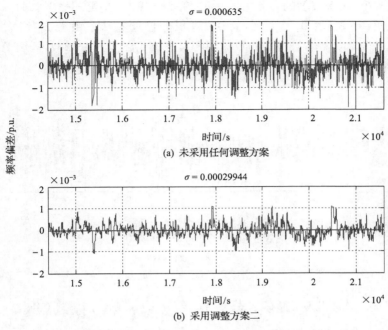

(a) 未采用任何调整方案

(b) 采用调整方案二

图 10-10　区域 A 中 04：00～06：00 采取方案二前后的频率偏差

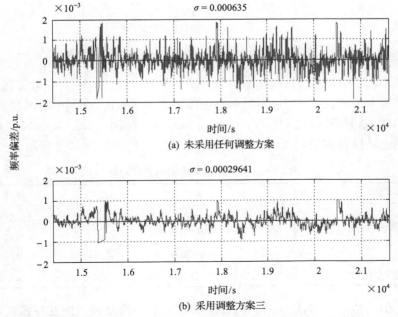

(a) 未采用任何调整方案

(b) 采用调整方案三

图 10-11　区域 A 中 04：00～06：00 时刻采取方案三前后的频率偏差对比

频率偏差减小,频率波动的方差由 $\sigma_f = 6.0035 \times 10^{-4}$ 减小至 $\sigma_f = 2.9641 \times 10^{-4}$。

　　方案四:将 δ_{iA} 由 0.05 减小至 0.03,积分器增益 K_A 由 0.25 增大至 0.5。 D_{PFRA} 由 7.9523 增大至 13.2621,D_{SFRA} 由 11.9636 增大至 30.0267,区域 A 的频率偏差示如图 10-12 所示。

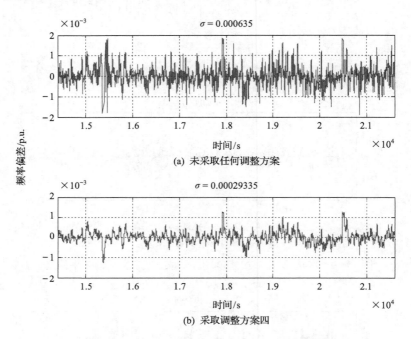

图 10-12　区域 A 中 04:00~06:00 采取方案四的频率偏差

　　在图 10-12 中,(a)为系统在原运行方案下的频率偏差,(b)为采取方案四后的系统频率偏差。对比(a)与(b)可知,系统按方案四运行时,在同一时间段内,系统频率偏差减小,频率波动的方差由 $\sigma_f = 6.0035 \times 10^{-4}$ 减小至 $\sigma_f = 2.9335 \times 10^{-4}$。

　　采用上述四种方案后系统频率偏差的标准差变化率如表 10-4 所示。

表 10-4　不同方案系统频率变化对比

调整方案	方案一	方案二	方案三	方案四
频率偏差 σ_f 的变化	0.00060035 ⬇ 0.00030733	0.00060035 ⬇ 0.00029944	0.00060035 ⬇ 0.00029641	0.00060035 ⬇ 0.00029335
σ_f 变化百分比	48.808%	50.122%	50.627%	51.137%

　　上述仿真结果说明,D_{PFRA} 和 D_{SFRA} 能够较为准确的反映系统在一段时间内对风电功率波动的频率响应能力。基于表 10-2 和表 10-3 的计算结果,可以实现对

系统内调频资源的合理调配,从而有效地减小由风电功率波动带来的系统频率波动。对于一个确定的系统,计算 D_{PFRA} 和 D_{SFRA} 需要的各个参数都是已知的,调度人员可以事先计算得到类似于表 10-2 和表 10-3 所示的结果,根据图 10-6 所示的逻辑框图,在风电功率波动较大的时间段内,可以实时调整系统中的调频资源,从而保证系统在高风电渗透率下稳定运行。

10.5　控制策略研究

风力发电作为技术比较成熟的可再生能源发电方式,在我国未来的发电领域将会占据越来越重要的地位。风电的规模化并网在提供电力供应的同时,也会因其出力的波动性给系统的调频带来压力。在上一小节中,提出了计及风电功率波动的电网调频能力评价指标 D_{PFRA} 和 D_{SFRA},通过计算得到了不同运行条件下的 D_{PFRA} 和 D_{SFRA} 的量化结果,根据 D_{PFRA} 和 D_{SFRA} 的量化结果,提出了一种调配网内调频机组的方法。然而,在系统中机组已全部参加调频的情况下,该方法便不能用于缓解由风电功率波动给系统调频带来的压力,因此需要寻求可以改善含大规模风电的区域电网调频性能控制策略。

本节针对不同时间尺度下的风电功率波动特性,研究火电机组调频策略以提高对风电功率波动的响应能力。对于秒级风电功率波动,在保证调速系统稳定的前提下,采用动态一次调频控制策略来提高火电机组一次调频能力。对于分钟级风电功率波动,结合 SACDA 系统中的实测风电功率信号在 AGC 控制通道中引入前馈控制来提高火电机组对分钟级风电功率波动的响应能力。以前面所建立的两区域系统调频模型为基础,进行仿真分析,验证了这两种方法有效性。

10.5.1　动态一次调频控制策略

由表 10-2 计算结果和图 10-11 及图 10-12 仿真结果可知,火电机组的一次调频不等率设置越小则机组的一次调频能力越强,对秒级风电功率波动的调节效果就越好。但受一次调频稳定性的影响,不等率设置不能过小。根据文献[16],对控制系统的稳定性进行分析,对于凝汽式汽轮机,忽略 β 后其稳定判据为

$$\frac{1}{T_s} + \frac{1}{T_0} > \frac{1}{\delta T_a} \tag{10-21}$$

对于图 10-4 所示的多台发电机组并网运行的刚性集结模型来说,可得到类似的稳定判据

$$\frac{1}{T_s} + \frac{1}{T_0} > \frac{1}{\delta \sum T_a} \tag{10-22}$$

式中，δ_Σ 为电网的等效不等率，$\delta_\Sigma = \sum_{i=1}^{M} \dfrac{\alpha_i}{\delta_i}$。

由式(10-22)可知，当 δ_Σ 取值较大时，整个电网的稳定性较好。若 δ_Σ 取值过大，会造成电网的一次调频能力不足，因此 δ_Σ 的选择应该从两方面综合考虑后得出。凝汽式汽轮机调速系统传递函数框图如图 10-13 所示。

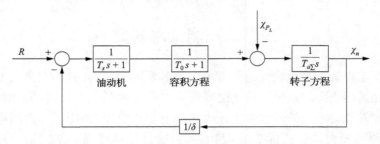

图 10-13　凝汽式汽轮机调速系统传递函数框图

根据图 10-13 画出调速系统的开环对数幅频特性与相频特性如图 10-14 所示，由此可知，减小火电机组的不等率 δ 会使幅频特性整体上移，剪切频率 ω_c 右移，最终导致系统相角裕度减小，调速系统容易失稳。在小于剪切频率 ω_c 的低频段 $0 \sim 0.16 \mathrm{Hz}$ 内，调速系统的相频特性较好，在此频段内若将不等率 δ 设置较小，既可以提高调速系统响应低频波动的能力，又不会影响调速系统的稳定。

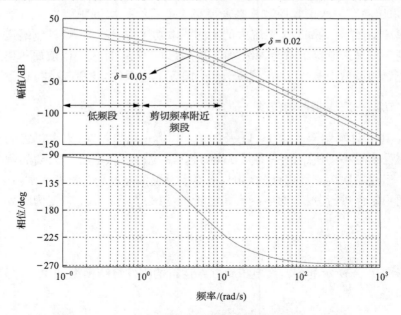

图 10-14　调速系统的开环对数幅频特性与相频特性

　　基于上述分析,本节提出了动态一次调频的概念,即在保证调速系统稳定的前提下,将原本的一次调频负反馈通道通过分频器分成高频通道和低频通道。在0～0.16Hz 的低频通道内,将提高系统的一次调频能力作为首要目标,将各台机组的不等率减小至 2‰;在大于 0.16Hz 的高频通道内,需同时兼顾调速系统的稳定性与调节能力,因此将各机组的不等率设置为 4‰～5‰。引入该控制策略后的调速系统负反馈通道如图 10-15 所示。

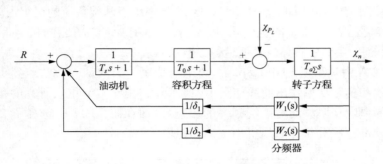

图 10-15　引入动态一次调频后的调速系统框图

　　由图 10-15 所示,在其一次调频通道加入分频器,分频器的实质是由电容器和电感线圈组成的 LC 滤波网络,其中 $W_1(s)$ 为一阶低通滤波器,它只让低频信号通过而阻止高频信号;$W_2(s)$ 为一阶高通滤波器,它只让高频信号通过而阻止低频信号。高通与低通滤波器的理想幅频特性如图 10-16 所示。

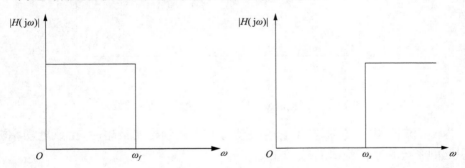

图 10-16　理想滤波器的幅频特性图

　　由图 10-16 可知,理想的低通滤波器能够完全滤除高于截止频率的信号并且低于截止频率的信号则不受限制的完全通过;理想的高通滤波器则是能够完全滤除低于截止频率的信号并且高于截止频率的信号则不受限制的彻底通过。由于实际电子元器件的性能限制,理想滤波器在实际中无法实现,通常情况下将信号衰减3dB 时对应的频率称为截止频率 f_c。

　　结合以上分析,为了实现动态一次调频控制策略,通过分频器将原有的一次调频负反馈通道分成两个频段的通道,分别为 $0 \sim f_{lc}$ Hz 的低频通道和 f_{hc} Hz 以上的高频通道。其中频差信号通过的低通滤波器的截止频率设置为 f_{lc} Hz,通过的高通滤波器的截止频率设置为 f_{hc} Hz。低频段采用 $\delta = 0.02$ 的不等率设置条件,高频段采用 $\delta = 0.05$ 的设置条件,从而完成动态一次调频不等率的设置。动态一次调频可以在保证系统稳定的前提下提高调速系统对低频段扰动的调节能力。

　　仍以图 10-4 所建立的两区域电力系统的模型为基础,比较采用与不采用动态一次调频控制策略时频率的差异。假设区域 A 中承担基础负荷的机组占 40%,风电机组占 20%,参与调频的机组占 40%,其中具有 AGC 功能的机组和不具备 AGC 功能的机组各占 50%。其他运行参数参照表 10-2。

　　设区域 A 中负荷恒定为 0.8p.u.,风电场功率一天内从 00:00 点到 15:00 点的预测曲线和实际功率输出曲线如图 10-17 所示。由于本节重点研究的是由脉动风速引起的风电功率波动对系统频率的影响,因而在图 10-17 中选择了实测风电功率的 15min 平稳分量作为风电功率预测结果。

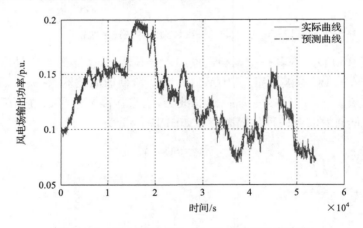

图 10-17　风电场 00:00~23:59 点输出功率曲线

　　以 simulink 进行仿真,在没有引入动态一次调频控制策略时,由风电功率波动引起的系统频率偏差示于图 10-18。

　　由图 10-18 可知,在没有引入动态一次调频控制时,系统的频率偏差在 ± 0.0075 Hz 之间,频率波动的标准差 $\sigma = 0.0003208$。

　　在引入动态一次调频控制过程中,为保证动态一次调频的有效性,$W_i(s)$ 的设置应满足 $\sum\limits_{i=1}^{n} W_i(s) = 1$。将 $W_1(s)$ 的截止频率与 $W_2(s)$ 的起始频率设置为 0.1Hz,即频率反馈信号中大于 0.1Hz 的频率信号可以通过 $W_2(s)$,小于 0.1Hz 的频率反馈信号可以通过 $W_1(s)$。$W_i(s)$ 及 δ_i 的设置同上,即 $W_1(s) = \dfrac{5/8}{s + 5/8}$,$\delta_1 = 0.02$;

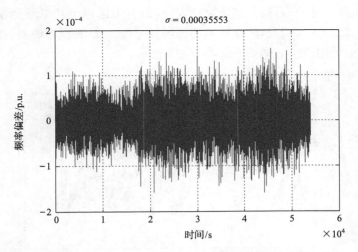

图 10-18　未引入动态一次调频后的系统频率偏差

$W_2(s) = \dfrac{s}{s+5/8}$,$\delta_2 = 0.05$。引入动态一次调频控制后的系统频率偏差如图 10-19 所示。

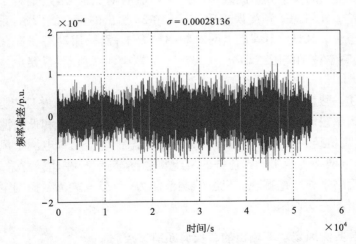

图 10-19　引入动态一次调频后的系统频率偏差

　　对比图 10-18 和图 10-19 可知,在引入了动态一次调频控制策略后,系统频率偏差由 ±0.0075Hz 减小至 ±0.005Hz,频率波动的标准差由 $\sigma = 0.00035553$ 减小至 $\sigma = 0.00028136$,较之前减小了 20.86%。这是因为采用动态一次调频后,一次调频对处于 0～0.16Hz 频段内的秒级风电功率波动的调节能力增强。

　　上述分析说明,即便不采用动态一次调频方法,系统频率也可以维持在可接受范围内,但值得注意的是,在上述研究过程中,没有考虑风电功率预测误差对系统频率的影响,结合实际情况,假设风电功率预测存在 15％的预测误差,此时引入动态一次调频前后的系统频率偏差如图 10-20 所示。

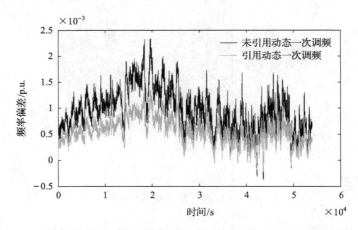

图 10-20　考虑风电功率预测误差后有无动态一次调频控制的系统频率偏差

图 10-20 所示的频率偏差曲线不再是 0 均值的随机信号,这是由于风电功率预测存在误差。在考虑了预测误差后,由图 10-20 给出的点虚线所示,系统频率波动范围增大至±0.12Hz,不满足电网对频率的要求;而采用动态一次调频控制策略后,系统的频率波动范围减小至±0.07Hz,如图中实线所示,满足电网对频率的要求。

综上所述,通过在各台机组的一次调频通道中加入分频器,并且依据风电功率波动所处的频率段,合理设置分频器中高通滤波器的起始频率和低通滤波器的截止频率,可实现机组一次调频不等率的分频段动态设置。随着电网中风电渗透率的逐年增大,电网中可承担调频任务的机组将会逐渐减少,在此种背景下,应该寻求新的控制策略来充分挖掘现有机组的调节能力,动态一次调频控制策略能够有效地提高机组的一次调频能力。

10.5.2　结合实测风场功率输出的二次调频前馈控制

大规模风电并网后,系统的二次调频主要负责响应分钟级的风电功率波动,在 AGC 的性能指标中,调节范围和调节速率是其中比较重要的两个参数。在第 3 及第 4 章中,定义了风电功率的波动强度及变动强度,其中波动强度可以同 AGC 机组的调节范围结合进行研究,变动强度可以同 AGC 机组的调节速率结合起来进行研究分析。

　　第 3 章中的风功率方差分析结果表明:分钟级风电场功率波动强度约为 4～8%,若风电渗透率为 20%,在置信度为 95% 的前提下,风电功率的最大波动量约为电网总负荷的 0.8%～1.6%;由实际情况可知,300MW 及以下容量机组 AGC 调节范围:大于等于 40% 机组额定有功出力,300MW 以上容量机组 AGC 调节范围:大于等于 50% 机组额定有功出力。根据上述结果,当电网中风电装机容量同火电 AGC 机组的装机容量按照合理的比例进行容量匹配,即可满足系统频率要求。AGC 机组的调节范围可以满足含大规模风电区域电网二次调频的需求。

　　而根据第 4 章中的风功率变差分析结果可知,风电场功率 1min 变动强度约 2%～4%,而火电 AGC 机组的调节速度一般为 1.5%～2% 额定容量/min,风功率的变化速率要高于火电 AGC 机组的调节速度。若风电装机容量与火电 AGC 机组的装机容量匹配比例不合理时,会导致在一段时间内,系统的频率偏差增大。

　　仍以图 10-4 所示模型为例,假设区域 A 中风电比例为 20%,基荷机组比例 40%,参与调频机组比例 40%,其中具有二次调频功能的火电机组比例也为 20%。选取风电场一天内 10h 的实测数据,通过分析得到风电功率 1min 间隔变化量曲线如图 10-21 所示。

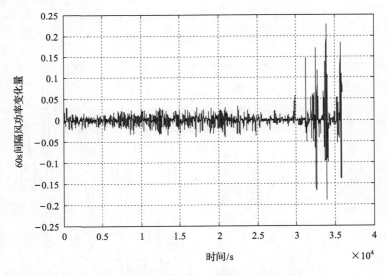

图 10-21　风电场 60s 间隔功率变化量

　　在图 10-21 中,风电场输出功率 1min 间隔变化量在正常情况下为 ±0.01～±0.03p. u. ,而在某些时刻最大可达到 ±0.2p. u. 。图 10-22 和图 10-23 给出了在 10h 内的系统频率和 AGC 机组出力指令情况。

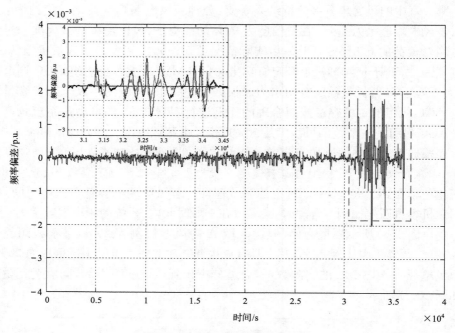

图 10-22　10h 系统频率偏差曲线

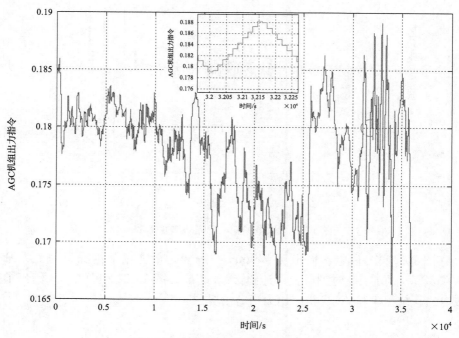

图 10-23　10hAGC 机组出力指令曲线

由图 10-22 中可以发现,当根据机组的实际情况考虑了 AGC 机组每分钟的调节速率限制后,在风电功率 1min 变化率较大的时间段内,系统频率偏差增大,这主要是因为 AGC 机组的调节速率已经无法跟上风电功率的变化速率。图 10-23 中也反映了这一问题,在风电场功率变化速率较大的时间段内,AGC 机组的增减出力受到自身调节速度的限制,因此呈现出"阶梯式"的 AGC 出力指令。

上述分析说明,当风电场装机容量与火电 AGC 机组容量匹配比例不合理时,在特定的时间段内,由于火电机组负荷响应速度不足而导致系统频率偏差增大,可能达不到系统频率的要求。为了解决上述问题,提高 AGC 机组的调频性能,考虑到 AGC 机组的响应过程是一个具有延迟的动态过程,其响应延迟时间约为 60s,本节提出结合风电场输出功率的实际测量值,将实际测量值作为控制信号输入 AGC 机组的前馈控制通道,指令周期设为 15s,则可弥补 AGC 机组负荷响应速度在某些特定时间段内的不足。

基于上述仿真模型,在该模型的二次调频回路中加入前馈控制通道,前馈信号为负荷短期预测值与实测的风电场输出功率的差,采样周期设置为 15s。在其他条件不变的情况下,得到系统的频率偏差如图 10-24 所示。

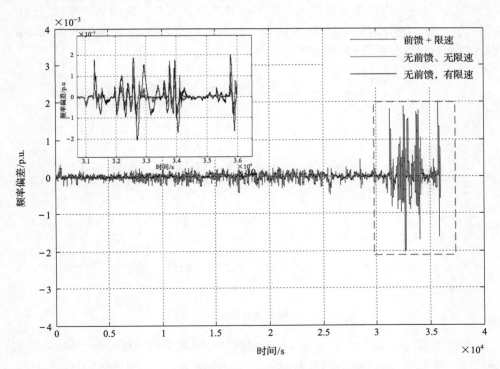

图 10-24　加入二次调频前馈控制前后系统频率偏差

由图 10-24 可知,将 SCADA 系统采集到的风电实时出力数据作为控制信号引入到 AGC 机组的二次调频通道后,系统频率偏差较之前明显减小。其原理是利用当前时刻的风电功率实时出力值作为预测信号去预测下一时刻的风电场出力,并将此信号同负荷预测值的偏差作为输入信号引入到 AGC 机组的前馈控制通道中,由此可以使 AGC 机组能够提前响应风电功率的变化情况,弥补了由于 AGC 机组调节速度过慢带来的频率增大问题。值得注意的是,以当前时刻风电厂实时出力值去预测下一个时刻的实时出力值,存在一定的误差性,在天气情况比较恶劣的情况下,应尽可能减小采样间隔,从而保证预测结果的准确性。

本节主要分析了在大规模风电并网系统中制约系统二次调频性能的主要因素,提出了将实测风电场输出功率作为前馈信号的二次调频控制策略。仿真分析结果验证了该方法的有效性,说明前馈控制能够有效的缓解由于 AGC 机组调节速率较慢带来的调频性能问题。

10.5.3　两种控制策略的协调配合

结合上两节分析的结果可知,动态一次调频能够增强调速系统对低频扰动的调节能力;引入风电功率的前馈控制则能够有效缓解火电机组调节速度过慢的问题。仍以上一小节中的风电场一天内 10h 的实测数据为基础,将两种控制策略都引入后进行仿真分析,得到系统的频率偏差示于图 10-25～图 10-27。

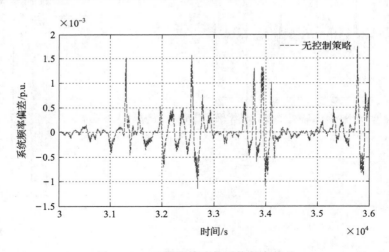

图 10-25　无控制策略的系统频率偏差

对比图 10-25 和图 10-27 可知,在采用两种控制策略协调配合后,系统的频率偏差进一步减小,频率波动的方差由 $\sigma=0.0047499\text{Hz}$ 减小至 $\sigma=0.0030214\text{Hz}$。这是因为,相比于图 10-26 的结果,图 10-27 中的结果引入了动态一次调频控制策

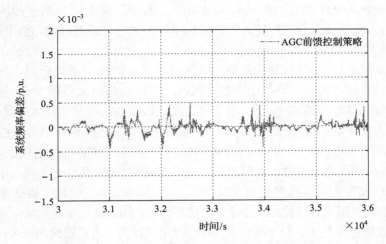

图 10-26　采用 AGC 前馈控制策略后的系统频率偏差

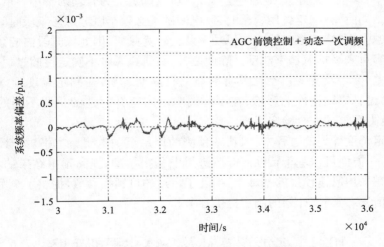

图 10-27　两种控制策略协调配合后的系统频率偏差

略,动态一次调频的作用恰好是提高系统对低频扰动的响应能力。上述结果说明,在电网的实际运行过程中,一次调频与二次调频是不能缺少的两者频率调节方式,将上述两种控制策略合理地结合起来使用,可以更好地提高电网整体的频率调节性能。

10.6　电力系统调度中的应用

由于风电具有随机性、波动性、间歇性,大规模并网后,给电力系统电源侧引入了强烈的随机不确定性。为此运营人员需要提前制定调度计划来平抑风电的波动,确保电力系统的安全与稳定运行。对风电的不确定性进行研究,是制定经济有效的调度计划的基础。

在制定调度计划之前,首先需要对电网接纳风电的能力进行研究。电网接纳风电的能力是指电网在允许范围内容许风电功率波动的最大范围[17,18],从风电规划角度又称为风电穿透功率极限,用于决策最大风电装机容量。在此过程中,风功率的波动范围及波动速率是一个重要的关键因素,即不但要保证电力系统的调节能力能够覆盖风电的波动范围,而且要确保调节速率能够覆盖风电的波动速率。举例来说,假设系统只包含火电机组且全部参与调频任务,调频速度为机组容量的2%/min,假设接入的风功率输出变化率最大为10%/min,则风电渗透率不能超过20%,否则机组出力变化无法跟踪风电功率波动。因此第3章及第4章中的风电方差建模及变差建模方法对于确定电网接纳风电的能力具有重要的的参考价值。

当风电并入电网后,电力系统需要提前制定调度计划,确定备用容量的大小。在此过程中,参考方差建模及变差建模方法可以确定更为合理的备用容量,避免过多的裕量。同时,在确定备用容量时,风电间歇性必须予以考虑。某段时间内的陡变占空比越大,意味着该时段内的风功率陡变较为频繁,因此该时段内应该预留足够的备用容量来平抑风功率波动。除此之外,在研究风电不确定性的过程中,发现了风电方差、变差及陡变占空比具有明显的日周期现象,在制定调度计划的过程中,必须考虑日周期特性的影响,在不同的时段内有针对性的预留不同的备用容量,确保电力系统的安全稳定运行。

在制定调度计划的过程中,风功率预测的信息至关重要。本书对于风电不确定的研究,一方面可以基于特性研究改进风电预报模型,提高预报结果的精度;另外一方面在平均风速预报的基础上,扩展了风速的可预报参数,提供了更为详细的风速预报信息,为调度计划的制定提供参考。

10.7　多能源互补及一体化平抑策略

为了解决大规模并网风电场功率波动平抑能力不足的问题,针对目前风电预报常规的等宽度置信区间,本节提供一种利用一体化联合发电单元平抑规模化风电并网功率波动不确定性的方法。为新能源电力系统的安全高效利用提供理论依据。

10.7.1　风电的多元互补策略

风电功率强随机波动特性无法实现精确预报,匮乏可平抑风电随机波动特性的电源和储能装置,是目前规模化风电并网的最大技术制约瓶颈之一。如图10-28所示,多能源互补(如风光储互补、风火互补、风水火互补、风风互补、风水互补等)是平抑新能源电力随机波动性、提高电网接纳能力的有效手段,发电过程良好的可调度性和先进的调控理论方法是实现多元互补的基本条件。按目前的开发利用模式,平抑整个风电功率不稳定和强随机波动特性,必然导致大规模冗余热备用的设置。

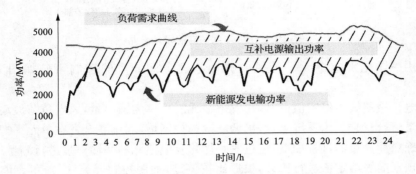

图 10-28　新能源电力随机波动的多能源互补平抑方式

除了加强风电功率的预报研究,建立精确的预报模型的手段,形成新的一体化发电单元,平抑风电的功率不稳定和强随机波动特性也是一个有效方式。对不确定分量(预报误差)进行平抑,使一体化发电单元输出功率跟踪日前预报曲线,提高电力生产的可计划性,降低备用容量裕度,从而提高电网消纳风电的能力。

10.7.2　一体化平抑控制策略

不同频段的风电功率波动对热备用动态响应带宽的需求是不一样的。传统的平抑风电波动的方法无法覆盖所有频段的风功率波动。因此本文提出一体化平抑控制策略,从而实现对风电功率波动不确定性的平抑。对于可预测的低频段,由电网调度来平抑;而对不可预测的中频和高频带部分,由一体化的联合发电单元内部来平抑。根据风电的频谱特性以及传统能源动态响应带宽等性能指标,选择搭配一体化联合发电单元内部的各种可调能源,如火电、水电、风电场中可调风电、储能装置等。在联合发电单元内部,将波动不确定性的平抑转化为干扰抑制控制问题进行研究。

采用一体化发电单元平抑功率波动不确定性分量的思路如图 10-29 所示:将风电负荷波动的叠加成分分解为可预报分量和不确定分量(预报误差),采用分级解决的思想。可预报的波动分量可以利用现有的电力系统调度模式由系统内的调峰能力予以平抑。针对不确定分量(预报误差),探讨和研究采用传统电源与新能源电源构成的一体化发电单元予以平抑的新途径,减小旋转热备用。不确定分量的幅度显著小于总的功率波动幅度,因而本方法有望解决大规模风电场中功率波动平抑能力不足的问题。

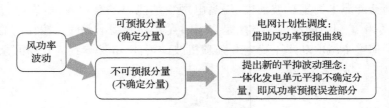

图 10-29　一体化平抑的设计思路

　　采用一体化发电单元平抑风电波动不确定性分量的控制策略如图 10-30 所示。

　　风电预报曲线为给定值,一体化发电单元的功率为输出量,风电负荷波动的不确定分量(预报误差)为系统干扰,可调能源为控制量,利用联合发电单元平抑功率波动不确定性分量的过程如下:通过对一体化发电单元功率输出量进行测量反馈,与风电预报曲线给定值进行比较,根据比较偏差,利用控制器算法,对可调能源控制量进行动态调整,抑制风电负荷波动的不确定分量(预报误差)干扰。为实现不确定性分量的平抑,需要研究并设计一体化发电单元平抑功率波动不确定性分量的算法控制器,建立一体化发电单元平抑功率波动不确定性分量的优化控制系统;最终实现一体化发电单元的实际功率输出在理论上精确跟踪风电预报曲线。

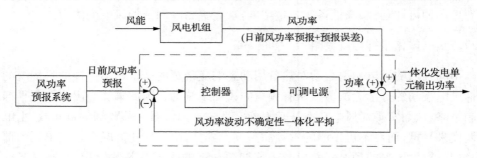

图 10-30　考虑实际预报误差的一体化平抑控制策略

　　在上述思路及控制策略的基础上,需要对一体化平抑电源容量的配置进行评估。基于某风电场实际历史数据进行评估,图 10-31 和 10-32 分别为风功率均值和对应的波动范围,以及风功率均值和对应的波动速率。这些实际数据表明:风电场功率小时级风场功率残差波动的标准差约 10%,残差波动范围在±20%风场容量的置信度为 95%。

　　而对于风功率的波动速率,风电场实际数据表明风场功率每分钟变化率约为 6%~8%,远高于目前火电机组 1%~2%/min 的负荷响应速度在进行容量配置的过程中,需要综合考虑风电功率的波动范围和波动速率,以及火电机组的调节范围和调节速度,确定合理的容量匹配比例,以达到平抑的效果。

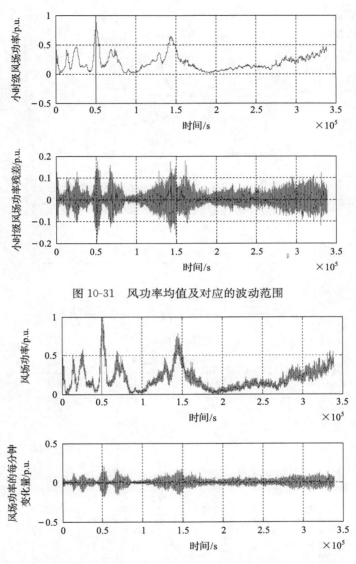

图 10-31　风功率均值及对应的波动范围

图 10-32　风功率均值及对应的波动速率

　　图 10-33 和图 10-34 为可调电源不同响应时间常数下一体化平抑单元的平抑效果仿真结果,可以看出可调电源的响应时间常数越短,一体化单元的平抑误差越小,平抑效果越好。因此在未来的研究中,亟待研究提高火电机组负荷响应速率的方法。并且需要进一步对风场功率波动特性以及可调电源可控性、经济性和响应速度进行评估,研究在一定允许弃风的概率下,可调电源容量和响应速度匹配问题,以及多类发电单元特别是火电机组储能优化利用的问题,从而实现对风电场功

率波动的平抑。

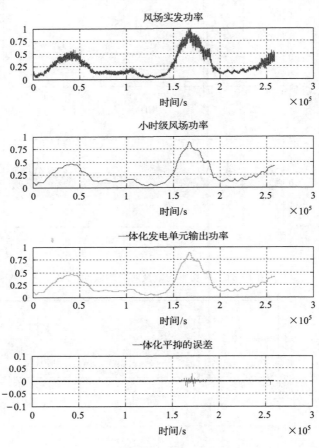

图 10-33　可调电源响应时间常数 10s

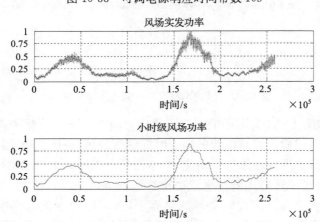

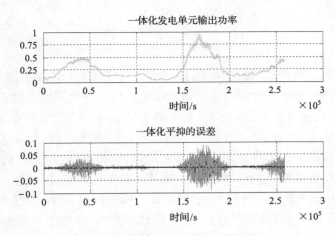

图 10-34　可调电源响应时间常数 60s

　　图 10-35 为一体化平抑单元的仿真结果,从图中可以看出,一体化平抑单元输出的风功率与提供给电力系统的风功率预报曲线很好地吻合,实现了对风功率不确定性分量的平抑。

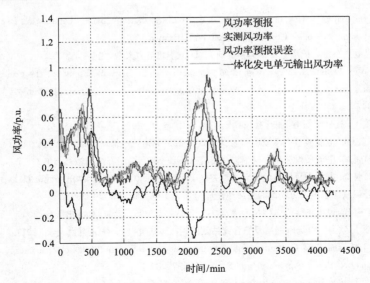

图 10-35　风电场风功率不确定性一体化平抑仿真结果效果

10.8　本　章　小　结

　　本章在风电不确定性研究的基础上,考虑电力系统实际应用的需求,从电能质量评估、电网调频、调度等方面讨论了风电不确定性研究的应用。对于风电场电能质量评估而言,风电方差、变差及间歇性的研究提供了一个定量评估的标准,对于未来风电场按质定价上网具有重要的参考价值。在调频方面,本章定义了计及风电波动的电网调频能力的指标,并探讨了在大规模并网中的引用。同时在不改变系统内现有机组配置情况的前提下,从一次调频的角度,提出了动态一次调频控制策略;从二次调频的角度结合风电场实测输出功率提出 AGC 机组的前馈控制。仿真结果验证了上述方法的可行性。在电网调度方法,风电不确定性的研究对研究电网接纳风电的能力以及制定经济有效的备用容量具有重要的参考价值。最后在保证电网安全的基础上进一步提出了一体化平抑方法,从而达到降低旋转热备用、提高电网整体运行效率的目的。

参 考 文 献

[1] Primen. The cost of power disturbances to industrial and digital economy companies. Report no. TR-1006274 (available through EPRI). Madison, WI: Primen; 2001.

[2] 陶顺. 现代电力系统电能质量评估体系的研究[D]. 华北电力大学(北京),2008.

[3] Blevins J, Von Dollen D, Mcgranaghan M. Reliability and quality of supply for the grid of the future understanding the economics[C]// International Conference on Power System Technology, 2004. Powercon. 2004:254-259 Vol. 1.

[4] 周勇,楚瀛. 干扰性负荷对电能质量的影响[J]. 中国电力,2001,34(06):35-36.

[5] 国家技术监督局. 电能质量电压波动和闪变(GB/T 12326-2008). 北京:标准出版社,2008.

[6] 国家技术监督局. 电能质量公用电网谐波(GB/T 14549-93). 北京:标准出版社,1993.

[7] 国家技术监督局. 电能质量供电电压允许偏差(GB 12325-1990). 北京:标准出版社,1993.

[8] 国家电网公司.《国家电网公司电力系统电压质量和无功电力管理规定》. 2004.

[9] 国家技术监督局. 风电场接入电网技术规定(GB/Z 19963-2005). 北京:标准出版社,2005.

[10] 蔡红军. 武川风力发电场电能质量综合评估及治理措施研究[D]. 华北电力大学,2011.

[11] Elgerd O I, Fosha C E. Optimum megawatt-frequency control of multiarea electric energy systems[J]. IEEE Trans on. Power Apparatus and Systems,1970,89(2):556-563.

[12] Kundur P. Power System Stability and Control[M]. McGraw-Hill Professional, 2005.

[13] 郭钰锋. 电网调频过程的动态特性分析[D]. 哈尔滨工业大学. 2005.

[14] Couch Ii L W. digital and analog communication systems[M]. Prentice Hall, 1997.

[15] Newland D E. An Introduction to Random Vibrations and Spectral Analysis, 2nd ed. New York: Longman Inc. , 1984.

[16] 倪维斗,徐基豫. 自动调节原理与透平机械自动调节[B]. 北京:机械工业出版社,1989.

[17] Schlueter R A, Park G L, Reddoch T W, et al. A Modified Unit Commitment and Generation Control

for Utilities with Large Wind Generation Penetrations[J]. IEEE Transactions on Power Apparatus & Systems，1984，85(7)：1630-1636.

[18] 李智，韩学山，杨明，等. 计及接纳风电能力的电网调度模型[J]. 电力系统自动化，2010，34(19)：15-19.